商店叢書⑫

店員操作手冊（增訂三版）

黃憲仁　任賢旺 ／ 編著

憲業企管顧問有限公司　　發行

《店員操作手冊》〈增訂三版〉

序　言

　　店員素質是否優異？店員服務是否貼心？店員販賣技巧是否高明？都會影響到一個商店（或專櫃）的興隆與否！

　　美國「哈佛商業雜誌」的研究報告指出，「再度光臨的顧客」可為商店帶來 28%～80%的利潤。而吸引他們再次光臨的因素，首先是「服務品質的好壞」，其次是「產品本身」，最後才是「產品價格」，而獲致「服務好壞的評價」，則決定在於店員、櫃台人員。

　　沃爾瑪百貨的總裁也指出，「百貨業唯一的差別在於對待顧客的方式不同」，一語道破天機！指出了「店員的重要性與獨特性」。零售業是一個以人為本的行業，對顧客提供顧問式、導向式的服務，協助顧客挑選到真正滿意的商品，是注重服務和細節的行業，這當中，**站在第一線的店員，扮演很重要的角色。**

　　這是針對店員特別撰寫的一本工具書，當作者在撰寫**《店長操作手冊》**一書出版後，台灣眾多企業將其採購作為店長（或儲備店長）的培訓教材，惟另有眾多企業後續反應「缺乏基層店員的培訓教材……」；於是針對商店培訓的寶貴經驗，撰寫有關「店員在銷售服務上應有的技術與觀念」之實用書。**這本《店員操作手冊》是一本專門「針對店員工作而撰寫的實用工具**

書」，內容以實用、實務為主，將理論技巧與實際經驗相結合，再加上顧問師的實際輔導精華，加以彙編而成，適合店員、商場幹部閱讀。

本書針對店員而撰寫，內容強調實用性，書內所提之技巧、方法，實用性高，對提升店員能力有很強的操作性。本書上市後，受到讀者喜愛，再版多次，在 2011 年 5 月特推出「增訂三版」，第三版增加更多的店員推銷技巧、案例，希望能提升店員的販賣實力。讀者若能將這本《店員操作手冊》與《店長操作手冊》，合併閱讀，效果將會更明顯。

本書上市以來，感謝眾多企業團體訂購本書，指定為員工教材。希望本書的出版，對於商店（或企業）有提供實際參考之裨益，並祝讀者業績百尺竿頭、更進一步！

黃憲仁寫於台灣 日月潭　2011 年 5 月增訂第三版

作者簡介：

黃憲仁，（台灣）憲業企管顧問公司總經理，資深診斷師，輔導企業經驗 19 年，曾擔任多家連鎖企業的專業總經理，並講授企管培訓班，服務海內外眾多企業。

任賢旺，憲業企管顧問公司副總經理，資深診斷師，多年來對企業界提供診斷輔導之工作。

《店員操作手冊》〈增訂三版〉

目　錄

第 *1* 章

店員的職責與規範

◄))) 第一節　店員在櫃台的工作職責

1.定位好你的角色

　　店員處於銷售第一線，必須認清本身的工作角色，才能形成創造銷售績效的關鍵人物。

　　在職業的劃分上，店員也屬於銷售人員的範疇。當然，同衆多上門推銷的人員不一樣，店員更多的是屬於「坐堂」銷售，即在你負責的賣場內，接待顧客，服務顧客，銷售你的商品。

　　換句話說，店員就是連接商家銷售活動與顧客購買活動的「橋梁」。一方面，商家需要將其商品推介給有特定需求的顧客；另一方面，顧客需要將他們的特定需求反饋給能滿足其需求的商家。

2.瞭解你的工作職責

　　只有明確自己的工作職責，你才能更好地爲企業、顧客服務，繼而提升你的銷售業績。店員最主要的工作職責就是銷售商品，但銷售並不是一個簡單的工作。

由於門市店員直接與顧客接觸，是創造銷售績效的最關鍵人物，其一舉一動皆關係著顧客對商店的觀感；而店員從顧客的反應裏，亦可直接獲知商店的利弊何在，所以店員的重要性與日俱增。他不再只是扮演將商品售出的單純角色而已，他更應該是：

⑴**為顧客作有效的商品組合**

隨著生活水準提升、消費意識變遷，商品的設計與生產將走向多樣化。加上市場開放，國外商品紛至沓來，面對比以往更加激烈的競爭，商店俱備的功能就不僅只是將商品擺在店裏賣而已，它更應該積極去了解當地的消費特性及競爭店的狀況、動向，以便尋求、開發自屬商品與他店的差異，藉以提高商品競爭能力。

⑵**為顧客選擇合適的商品**

業態細分化後，為了因應不同消費意識與生活品味的顧客需求，商店經營者愈來愈注意販賣型態的調適，例如面對面或自助式的銷售型態，今後，將配合需求的變化，而展開不同的販賣方式，將較以往更令顧客感到滿意。

一般來說，日常必需品大都採取自助式的販賣形態，而選擇性商品、專業性商品，通常屬高價位商品，則宜用面對面的方式，因為這些商品的價值、功能、特性，大都需要透過店員的解說，使顧客能進一步了解，在這種情況下，店員就扮演非常重要的角色，因為他必須負起為顧客挑選合適商品的責任。

⑶**將商品情報提供給顧客**

可透過精心設計的樓面標示、海報或 POP，將有關商品的訊息提供給顧客，尤其是那些具有特殊功能，需要特別介紹的東西。

製作標示、展示牌等應是美工人員的事，但店員應善用這些基礎工作。何謂基礎工作，諸如：簡單的 POP、商品展示陳列等。

⑷**創造舒適、便利的購物環境**

將有關聯性的商品組合在一起，便於顧客的選購，例如超級市場有所謂的「火鍋區」，將各類的火鍋食物集中在一起，方便許

多多天愛吃火鍋的消費者。再加上陳列道具與賣場設施的襯托效果，更顯現出整個賣場的便利。

⑸**使顧客對商店產生信賴、認同感。**

社區商店除了擔任販賣商品的角色外，最好能與當地居民的生活打成一片，如幫忙代繳水費、電費等，社區商店更應積極扮演好保姆的角色，定期探訪附近居民，告知新商品訊息，並成為資訊的傳遞站。

3.要瞭解商品

⑴熟悉商場

想要和自己的商品交朋友，首先熟悉的便是商場，瞭解商場的進口、出口、存包處、樓梯、洗手間、服務台等，對各大類商品的陳列位置要熟悉（包括生鮮食品、乾貨食品、百貨、精品屋、家電區等）。

⑵熟悉商品

商品是用來交換的產品，它包括一切能滿足消費者某種需求和利益的有形實體和無形服務，一切商品都有使用價值和價值。

第一，商品的效用，即商品能滿足買主需求的某種使用價值或功能。

第二，商品的特點，即該商品與同類或同種商品比較，所具有的與眾不同的優良特徵。

第三，商品的式樣，即商品的結構原理，造型是否美觀，花色是否新穎。

第四，商品的品質，即商品的理化性質、技術性能、使用壽命等因素。

第五，商品的包裝，即保護商品、方便購買、促進銷售的功能。

第六，商品的商標，即用來區別不同商品生產者或經營者商品的一種標誌，並受法律保護。

第七，商品的質保，即生產經營者對產品實施有關使用安全、衛生產品等質量特徵實施的售後服務活動。

第八，商品的維修，即維修是保證商品使用壽命的一種必要措施，分定點維修或上門維修。

第九，商品的運送，即根據商品的特點或顧客提出的要求，採取送貨上門的服務措施。

第十，商品的安裝，即向顧客提供現場技術服務的重要內容，包括安裝、調試、指導正確使用等。

(3)商品就是你的朋友

要想成爲一個優秀的店員，所需的「知識量」是相當龐大的，但是只要下決心努力學習，任何人都可以把它「據爲己有」。隨著你對商品知識的增加，便能很巧妙地應付顧客所問的一些難題，工作起來就會更加得心應手。

對商品知識了如指掌的店員能對顧客的詢問做出確切的答覆，因而能縮短銷售時間，提高工作效率，能自信地回答顧客提出的反對意見，在顧客所需要的商品沒有時，能推薦出替代商品和與所買商品有關的關聯商品，從而更好地爲顧客服務。

◀))) 第二節　店員的工作規範

店員的儀容、儀態，店員的工作守則，店員的工作規定等，企業都必須有所明文規範。

零售業的櫃台服務，在售貨過程佔有重要的地位。櫃台服務質量的高低，對消費者的購物心理產生巨大的影響，而服務質量取決於店員對職位職責、服務規範掌握以及對服務技巧的靈活運用情況，將銷售服務技巧運用於櫃台銷售各個環節，是每個店員

必須掌握的一門技術。

一、店員的儀容規範

儀容，是指人的外表，包括容貌、服飾、姿態、風度等方面。

店員從事商品銷售服務，每天要與許多顧客打交道，就必須十分注意個人的儀容，講究應有的禮儀，這樣才能在消費者面前樹立起良好的形象，從而提高商業企業的知名度和經濟效益。

1. 店員的著裝要求

著裝要整潔美觀，按要求穿制服。有規模、有制度的商店都有自己的統一服裝。

店員不宜佩帶過多裝飾品。因為制服不僅表示正在工作，而且代表著企業形象。如果制服被刻意修飾，制服的效果就會被沖淡，甚至被抹殺。對於制服，店員要注意愛惜和保護，保持乾淨整潔、不破損、不掉扣子、不變形。

制服工整、整潔是顧客判斷商店服務水準的重要標準之一。

2. 店員的化妝要求

化妝要自然大方，適合自己的行業特點。

店員在工作之前必須進行適當的修飾和化妝，這是尊重顧客的需要，同時也可以增加店員的儀容美。但需要注意的是，女店員的化妝以淡妝為宜，不能濃妝豔抹，髮型宜短、散、直，或微長弱曲，以顯自然、端莊之美。

男店員的修飾應以整潔為主，要經常理髮修面，頭髮要保持清潔，尤其不要留長髮和鬍鬚。另外在工作時間內，店員一般不允許佩帶過多的個人裝飾品，除工作需要外，不要佩帶戒指、耳環、項鏈、手鏈等，以免分散顧客的注意力。

3. 店員的個人衛生要求

要做到勤洗手、勤剪指甲、勤換衣服、勤洗澡、理髮、刮臉，

上班前不要吃帶異味、刺鼻（蔥、蒜、腐乳、蝦醬等）的食物，不要飲烈性酒，以免使顧客產生厭惡情緒。

二、店員應具備的基本條件

身為店員應具備下列條件，才夠資格稱為現代的店員：

1.誠以待客

零售業屬於服務業的範疇，所以親切有禮的服務不可缺。在銷售的過程中，店員除了將商品賣出外，更應讓顧客覺得錢花得有代價，心理有十足的滿足感。

2.表現出健康與活力

店員是商店營運的靈魂，所以必須表現出活潑、有朝氣，使人樂於親近，不能垂頭喪氣、無精打采，令人望而却步。縱使沒有客人上門，也要整理賣場、維持整潔、保持有活力的樣子。

3.具備銷售技巧

店員的重要基本條件，就是擁有在櫃台招待客戶、販賣商品的能力；沒有銷售，就無法確保商店的生存與成長。

4.培養良好的記憶力

這可從兩方面來說：一是對顧客的記憶，二是針對商品的記憶。若能從體型、特徵、服飾去辨識來客，甚至掌握其消費特性，就可以在顧客第二次上門時，給予適當的服務，並提供良好的建議，讓顧客有賓至如歸的感受。

此外，對商品庫存量多寡、商品置於何處、補貨及退貨情形，應有清楚認識，才能對商品作有系統的管理，否則顧客一問三不知，豈不貽笑大方。

5.注意自己的裝扮

店員的穿著、談吐、舉止，影響顧客對商店的第一印象，所以千萬不能奇裝異服、濃妝豔抹甚至有不雅舉止。因此，穿制服

應不太強調「個性化」，例如髮型、配飾特別突出等，儘量與其他工作同仁取得視覺上的協調，此外，制服的衣領、袖口要特別注意清潔，不能以為大家都穿的一樣，而不注意小節。

　　總之，一位優秀的店員，每天在賣場上所接觸的，可能是不同的人、事、物，他必須具有這些從業的要素，並透過親身的體驗與揣摩，在工作當中適應整個環境，同時在交易過程中，針對各種狀況予以有效的處理，圓滿的完成銷售工作，並且與顧客建立良好的關係。

三、店員的工作守則

　　在櫃台工作服務中，店員必須遵守以下規則：
1. 禮貌待客。優質服務，方便群眾，對待顧客要熱情週到、有問必答，不冷落、頂撞顧客，堅持一視同仁。
2. 不進行不正當價格競爭，不隨意漲價，不變相提價。
3. 具有良好的商業信譽。買賣公平，老少無欺，明碼實價，保質保量。
4. 保持良好的店貌。儀態端莊大方，衣著乾淨整潔，做到店內明淨，商品陳列合理，品種供應齊全。
5. 潔身自愛，愛護公共財產。要廉潔奉公，愛護商店商品，不私拿商場物品。
6. 遵守商店規章制度。堅守工作崗位，不在工作崗位聊天，不幹私活；不遲到，不早退，不擅離職守。
7. 接受監督，有錯就改。歡迎顧客和主管監督，並接受批評指正，做到有錯就改。
8. 實事求是。要對消費者負責，介紹商品時不誇大優點，也不隱瞞缺點，要考慮顧客的利益，為顧客精打細算，並主動介紹商品的養護知識，避免顧客因不懂商品的保養、使

用知識而蒙受損失。

四、開門準備的規定

1.整理、清掃
(1)公共部位專人清掃，櫃台內要由各部門自行清掃。
(2)購物袋、發票等備用品要準備充足。
(3)清掃整理櫃台，把備用商品放整齊。
(4)收銀顯示器、POS、商品貨架、試衣室要保持整潔。

2.牢記顧客預約服務
(1)牢記顧客預約服務。
(2)員工之間互相提醒，加強聯繫。

3.確定今天的目標
(1)每天思考今天目標是什麼，完成的方法和措施。
(2)今天重點介紹的商品是什麼？是否已掌握該商品的性
　能、特點。
(3)昨天不知道的事，有疑問的問題，儘早請教同事或主管，
　尋找答案和解決辦法。

4.工作時間內電話、手機的使用
(1)禁止打私人電話；
(2)禁止使用私人行動電話；
(3)店員因工作需要打外線電話，請用內線電話通過總機接通
　對方電話。

五、接待顧客的工作守則

　　1.你若要和正在接待顧客的店員講話時，應在該店員接待顧
客完畢後進行。如有緊要情況，應利用接待空隙，先和顧客打招

呼，然後簡短地叙述事由。

2.在接待中若有其他店員招呼時，你應接待顧客後才回答。如有緊要情況時，在近處有其他店員的情況下，要請他人幫助代替接待，把接待內容告訴代替的店員，並和顧客打招呼。

如近處沒有店員的情況下，一定要等接待完以後，才能離開。

3.在接待顧客中，若遇其他顧客招呼時，而接待的顧客馬上就要結束時，要以「我馬上就來，請稍後」等作回答。在接待完前一個顧客後，微笑地對後一個顧客說「對不起，讓您久等了」，然後熱情接待。但當前一個顧客還需繼續接待時，應招呼其他店員加以幫助接待。

4.店內禁止談私事，如有緊要情況向樓面經理說明事由，徵得同意後，可在櫃台外短時間會面。

))) 第三節　店員應瞭解商店工作規定

工作規定明確，作業才能標準化，店內各種工作才能符合基本準則。

商店的工作制度，是店員進行營業工作的基本準則，店員應先把它了解清楚。

一、上下班規定

1.上下班時的有關規定
· 上班要走員工專用門和專用通道。
· 主動出示工作證。
· 不遲到，不早退，不擅自離開崗位。

- 穿規定的工作制服。
- 按工作規定打卡。
- 嚴禁代人打卡。如有發現，嚴格處罰代打卡人和持卡人。
- 上班前禁止喝酒，有事離開櫃台，要向同事講清楚。
- 商場內禁止飲食、吃零食和化妝。
- 禁止大聲喧嘩和來回奔跑。
- 站立服務要姿勢規範、舉止端莊，保持微笑的服務。
- 隨身攜帶筆和紙，記錄顧客的要求、建議和意見。
- 需要調班、公休時經請示主管批准後才能生效，不擅離工作崗位，需要離開時，做好登記方能離開。
- 要熱情待客、禮貌服務。主動介紹商品，做到精神飽滿、面帶微笑、有問必答。無顧客時要整理商品，使其經常保持整潔美觀。
- 對顧客提出的批評或建議，要虛心接受，不與顧客頂撞、爭吵。
- 做好店內、店外的環境衛生和商品衛生。
- 不准收顧客小費和故意多收顧客的錢。
- 交接班時做到交接清楚、貨款相符、簽名負責。
- 不准提前更衣下班和提早關門、停止售貨。

2. 店員服裝的具體規定

男性店員的儀容要求：

(1)服裝：穿規定制服，衣服要清潔，經過整燙，襯衫鈕扣扣牢，禁止挽袖口。

(2)手：始終保持清潔，禁止留長指甲。

(3)鞋子：穿黑色、咖啡色皮鞋，保持整潔，禁止穿運動鞋、拖鞋、草編鞋，飲食部可以穿運動鞋。

(4)頭髮：嚴禁留長頭髮，定期理髮，保持整潔，頭髮不要遮住臉，頭髮禁止染艷色。

(5)裝飾品：食品、飲食部的職工禁止佩戴，其它部門的職工可以戴婚戒（嵌寶戒除外）。

女性店員的儀容要求：

(1)服裝：穿規定制服，衣服要整潔，經過整燙，襯衫鈕扣扣牢，穿裙子下擺短的，長統襪、連褲襪一律肉色。

(2)手：始終保持手的清潔，禁止留長指甲，飲食部門職工禁止使用指甲油，其它部門可以用無色指甲油。

(3)鞋子：穿黑色、咖啡色軟膠底鞋，保持整潔，禁止穿運動鞋、拖鞋、草編鞋，飲食部可以穿運動鞋。

(4)頭髮：定期理髮，保持整潔，長頭髮不要遮住臉，不准披肩，頭髮禁止染艷色。

(5)裝飾品：頭飾黑色、咖啡色、藍色均可，在食品、飲品部門禁止職工戴耳環，其它部門職工可以戴婚戒（嵌寶戒除外）。

3.休息時間的規定

· 休息時間請佩戴休息牌或指定場所休息。

· 用餐時應到職工食堂，並保持食堂清潔。

· 在商店休息區內用餐時，以顧客優先，先滿足顧客的需要，不可與客戶爭位。

· 用餐及休息時間不得在商店內購物。

· 外購的物品，必須經警衛在發票上蓋章認可後，從職工專用通道帶入，並存放在指定地方。

· 外出必須得到部門主管的同意，並說明要去的地方，所需時間，並在規定時間內返回。

4.關於會客的規定

· 店內禁止談私事。

· 如有親友來訪，應向部門主管說明事由，得到同意後，方可在櫃台外做短時間的會面。

- 工作時間禁止打私人電話。
- 禁止使用私人手機等通訊工具。
- 店員要打工作電話，必須得到部門主管的同意。
- 接待來訪顧客應到指定的會客室，並告知其他同事。

5.**關於打烊（結束當天營業）的規定**
- 送顧客在下班前的 10 分鐘開始。
- 嚴禁在有顧客的情況下做任何下班前的準備。
- 各櫃台做好整理和清掃工作。
- 檢查水、電、火、煤氣等，確保安全。
- 準備好明天上班用的各種備用品，比如購物袋、發票等。
- 把貨物重新整理、補齊。
- 收銀機、貨架、櫃台等保持整潔。

二、上班（進店）

1.**上班要走職工專用門和專用通道，並主動出示工作證。**
2.**不遲到，不早退，不擅離崗位，違者按規定處罰。**
3.**打考勤卡。**
(1)換好制服；
(2)打卡；
(3)卡片正面朝外放回考勤架；
(4)嚴禁代人打卡，如有發現要嚴格處罰代打卡人和持卡人。
4.**關於私人物品帶入商店的規定**
(1)私人物品和其它物品應放在更衣箱內保管。嚴禁帶入商場；
(2)大量現金和其它貴重品不得存放在櫃台和更衣箱，如有遺失，商店概不負責；
(3)與櫃台商品相同的物品要事前聲明；

(4)工作上所用的物品如果是私人物品，要經警衛認可後才能帶入商場。離開商場時要得到警衛的認可。

三、打烊準備的規定

1.送客

店員在櫃台送客位置，應在打烊前 10 分鐘開始，一直到送完最後一個顧客。記住，打烊業務不是從規定有打烊時間開始，而是要在最後一個顧客離店後開始。嚴禁在有顧客的情況下進行打烊業務。

2.店員對商店的安全檢查

安全責任者檢查火種和煤、電、水等各種設施，檢查有沒有留在店裏的顧客，確認完畢，並做好完全檢查記錄。

3.整理和清掃

各櫃台要自己整理和清掃，做好當天的業務總結和第二天開店的準備工作。將垃圾倒入垃圾箱。

四、下班（離店）

1.更衣要在更衣室內換上自己的衣服，制服放入更衣箱。
2.打考勤卡。離店打考勤卡，正面朝外放回考勤架。
3.從職工專用出口處離店。

五、櫃台的紀律

為保持良好的銷售秩序，就要求店員遵守下列櫃台規則：

1.櫃台紀律規則

(1)店員入櫃台工作前，要穿好工作服和佩戴工號牌。

(2)上班時不遲到，不早退，不無故請假，沒有特殊情況不能隨便調班。需要調班、公休時經請示主管以上批准後才能生效，不擅離工作崗位，需要離開時，做好離崗登記方能離開崗位。

(3)要熱情待客，禮貌服務，主動介紹商品，做到精神飽滿，面帶微笑，有問必答。無顧客時要整理商品，使其整潔美觀。

(4)對顧客提出的批評或建議，要虛心接受，不與顧客頂撞、爭吵。

(5)站立姿勢要端正，不准在櫃台聊天、嬉笑、打鬧。

(6)不准在櫃台內會客、辦私事。當班時間不准購買自己經營的商品。

(7)不准在櫃台或倉庫內吸烟、吃東西、看書、睡覺、閑坐。

(8)主動做好店內、店外的環境衛生和商品衛生。

(9)不准把私人的書包、錢包帶進櫃台和倉庫。

(10)不准收顧客小費及故意多收顧客的錢。

(11)對公物、商品，不亂拿、亂用，散包食品不准亂吃。

(12)交接班時做到：交接清楚，貨款相符，簽名負責。

(13)不准提前更衣下班、提早關門。

(14)下班前，切斷一切電源，鎖好保險櫃和門窗，做好防火防盜工作。

2.收銀機使用規定

商品櫃台設置收銀機收付款，顯示商品銷售金額，彙總商品銷售總金額，監督核對商品銷售情況。

(1)每出售一件商品都必須將金額輸入收銀機，按日銷售彙總，總金額必須和商品銷售日報表的彙總金額相符。

(2)每日繳款時，必須把當日銷售總額列出，然後將記錄紙撕下，連同日報表統一交給收款員。由專人負責核對銷售日

報表明細賬是否和記錄紙上的相符，如果有差錯，要立即核對。

(3)在使用收銀機時，不能將收銀機作爲計算器使用，隨便將其他數字輸入或做其他計算，如果由此造成明細賬不符，由當班店員負責。

🔊))) 第四節　工作前要備妥工作用品

工作用品是指「店員在從事工作時」不可或缺的工作用品。它們的特點，在於替店員在其服務過程之中，發揮各種各樣的實際作用。因此，店員平時必須對其認真看待。

在服務工作之中，店員使用最廣泛的工作用品主要有身份牌、書寫筆、計算器、記事簿等等。對其進行使用時，應注意其各自不同的具體要求。

一、身份牌

身份牌，又稱姓名牌、姓名卡，簡稱名牌。它所指的是店員在其工作崗位之上佩戴在身，用以說明本人身份，經由單位統一製作，有著一定規格的專用標誌牌。在工作崗位上佩戴身份牌，有利於店員表明身份，同時也方便服務對象更好地尋求幫助。

在使用身份牌時，主要有四點注意事項。

1.規格應當統一

店員所佩戴的身份牌，應由其所在單位統一負責訂制、下發。通常，用以製作身份牌的材料有三種，即金屬、塑膠與硬紙。其基本要求是耐折、耐磨，輕巧。若是以白卡紙製作身份牌，一

般應對其進行塑封，或將其套入透明套中。身份牌的色彩宜淡。它的外形應爲長方形，具體尺寸多爲 10×6，即長 10 釐米，寬 6 釐米，其尺寸不應過大或過小。

2.內容應當標準

身份牌的具體內容，一般應包括部門、職務、姓名等三項。必要時，還可貼上本人照片，以供「驗明正身」。上述內容，均應列印，而不宜手寫。在一般情況之下，採用中文書寫身份牌時，字體要注意清晰易認，而且大小必須適度。

3.佩戴整齊

凡單位有佩戴身份牌要求的，店員必須主動遵守。佩戴身份牌的常規方法有三：一是將其別在左側胸前；二是將其掛在自己胸前；三是將其先掛在本人頸上，然後再夾在左側上衣兜上。這是一種「雙保險」的做法。隨意把它別在帽子上、領子上、褲子上，或是將其套在手腕上，都是不允許的。另外，店員隨便換戴身份牌，或者將其戴得歪歪扭扭，亦不符合規定。

4.完整無缺

在工作上，身份牌乃是店員的個人形象之一。所以在對其進行佩戴時，應認真愛護，保證其完好無損。凡破損、污染、折斷、掉角、掉字或塗改的身份牌，佩戴之後只會有害無益，故應及時更換爲妙。

二、書寫筆

在工作之中，店員往往需要借助於筆具來書寫。因此，必須隨身攜帶專用的書寫筆。倘若在必須進行書寫時，找不到筆具，或者趕忙去向他人借用，都是失職的表現。

在工作上，店員最好是同時攜帶兩隻筆，並且應當一隻是鋼筆，另一隻則是圓珠筆。提出這一要求，主要是爲了使之符合服

務工作的實際需要。

店員平時應隨身攜帶鋼筆，主要是便於書寫正式的條據。在一般情況下，店員隨身攜帶的鋼筆還須灌以藍黑色或黑色的墨水。因爲以此兩種墨水書寫的文本、條據，才顯得最爲正規。

店員平時還應當隨身攜帶一隻圓珠筆，則主要是爲了便於自己在工作之中填寫正規的各類票據時使用。使用圓珠筆複寫票據，不僅容易，而且可以確保字迹清晰。此時一般應使用藍色的圓珠筆油。

在通常情況下，不論是書寫文本、收據，還是填寫各類票據，大都不宜採用鉛筆、簽字筆。

店員在工作之中隨身攜帶的筆具，最好在上衣左側衣袋上，或是在上衣內側衣袋上。

三、計算機

在買賣活動中，計算價格必不可少。過去，店員在需要進行有關的計算時，經常採用的是口算、心算、筆算等方法。它們各有利弊，難以確保計算結果的準確無誤。

店員在必要之時，若是能夠取出隨身攜帶的計算器來，以進行必要的計算，則既能節省時間，「鐵面無私」的捍衛雙方的切身利益，又能使雙方高枕無憂，不必因爲擔心計算結果不夠精確，而去疑神疑鬼。所以店員在工作時隨身應攜帶一隻小型計算器。

店員攜帶於身的計算器，不必求其功能齊全，但應保證計算結果的精確。同時，還應力使之小型化。

四、記事簿

在服務工作之中，日理萬機的店員如果打算真正恪盡職守，

則凡事就要勤觀察，細思量。對於店員，在工作之中需要自己記憶在心的重要信息，諸如資料、數據、人名、品名、地址、電話、傳真、線索、思路、建議，等等。若是沒有掌握正確的信息處理手段，有時可能會耽誤極其重要的事情。

在現實生活中，能過目不忘的人畢竟太少。「好記性，不如爛筆頭」。其實，只有隨時隨地地將可能忘記的重要信息筆錄下來，對店員才是最切合實際的。

千萬不要信手塗鴉，隨便拿到什麼東西，便把要記的東西寫下來。也不要輕易開口向同行要可作記錄之物，更不要當著外人的面四處亂翻，隨便亂撕。那種做法，只說明自己「無備而來」。

得體的做法是店員應當人人鄭重其事地為自己準備上一本可以隨身攜帶的小型記事簿。這種記事簿，可以自己動手製作，也可以去購買成品。它應當易於書寫和保存，並且大小適度。

使用記事簿時，特別要注意書寫清晰與妥善保存兩大問題。千萬不要亂記、亂丟，不然就很可能會勞而無功。在進行記錄時，最好分門別類，並且定期予以歸納、小結。

◀))) 第五節　店員交接班的工作規程

商店接班工作要踏實，工作準備要仔細，店員才能有條不紊地交接、進行櫃台銷售工作。

一、交接班會議

1. 班前會
班前會是交接班的重要內容，是本班次與上一班次工作銜接

的必要過程，因此必須重視。班前會的主要內容有：

 (1)店員儀容的互相檢查；

 (2)各崗位職責、工作紀律的重申；

 (3)當天應該注意的主要問題；

 (4)公司有關新指示的傳送；

 (5)店員有關事情的彙報(或申請)。

 2.班後會

班後會於打烊後由當班班長召開，班後會的主要內容有：

 (1)當天工作的總結與檢討；

 (2)銷售工作情況的檢查和彙報；

 (3)顧客抱怨、投訴的整理；

 (4)銷售日報表的整理；

 (5)收銀彙報與整理；

 (6)次日工作應注意的事項；

 (7)其他日常工作的規範整理。

二、交接班的工作

 一般商店都實行兩班制營業方式，從 9：00～22：00，營業時間長，為了保證店員的工作時間和休息時間，採取中間交接班的方法。

 實行交接班制度是為了滿足消費者的需要而使店員的勞動時間不至於過長。各店根據實際情況和營業規律合理安排輪班。無論採取何種方法，上下兩班都要履行交接班手續。交班店員應把他在工作中的所銷貨物名稱、數量、價格、貨款和所剩餘貨物的數量，以及進貨、退貨、發票、票證等，清楚地填寫在交接單內，並協同接班店員一一核對，經接班店員檢查無誤後，交班店員方可離開商店。

　　店員實行交接班制度，從表面上看雖然是增加了工作量，但卻有許多好處。可以分清交接班店員的責任，加強每個人的責任心，避免差錯發生，即使發現差錯也容易核對查找。交接班時的商品點查、銷售數量的核對以及銷貨款的計算都爲營業結束後的結賬工作提供了方便，並爲開店後的盤點工作節省了時間，提高工作效率。

1. 實行店員售貨收款的交接班方法

　　店員在交班時，應該把所經營的商品整理、清查、盤點，把銷貨款和銷貨票清查並核對，做到貨款、票款兩相符，填寫在交接單內。把整理清點清楚的商品數量、品名、價格等項目填寫在交接單內，並把當班時的進貨、驗收、商品登記以及商品變價等情況記入交接單。接班的店員要根據交班店員所填寫的交接單內的內容，逐項核對，檢查無差錯後，交接店員雙方在交接單上簽名或蓋章。如發現問題要及時查找原因，對不可彌補的差錯，交班的店員應負全部的責任，在交接單中註明，並向相關主管彙報，作出處理決定。

2. 實行收款台收款的交接班方法

　　實行貨款分開，集中收款的商店，售貨店員在交接班時，只清點商品和發貨票及餘留發票。基本流程與實行店員售貨收款的交接班方法相同，只是少了銷售款的交接。收款的店員在交班時，要清點整理銷貨款，並與收款單核對正確。接班的收款員要核對收款單和發票，並計算出交班收款員應收的貨款，並進行核對。

　　票款相符，雙方即可在交接單上簽名或蓋章，否則要分清責任，查找原因，及時處理解決。在交接時不能影響正常的現場銷售工作。

　　在交接班過程中，如果貨款的溢缺與票證不相符時，接班店員應協助交班店員查找原因；不能及時查到原因，除了記入交接單外，還要報告上級，並在月終或盤點時填報商品盤點處理表，

請示店長處理。

3.店員交接班前的五件事

⑴工作交接

商店應當定時召開班前會，統一安排佈置工作。在進行工作交接和佈置時，店員一定要專心致志，一絲不苟。

具體要求，可被歸納爲「一準」、「二明」、「三清」:「一準」，是要求店員準時地進行交接班;「二明」，是要求店員必須做到崗位明確、責任明確;「三清」，則是要求店員在進行工作交接時，錢款清楚、貨品清楚、任務清楚。

⑵留言

實行兩班制或一班制隔日輪休的店員，遇到調價、削價、新品上櫃以及當天未處理完的事宜，均要留言告知次日當班的同事，提醒注意和協助處理。

⑶更換工裝

在正式上班之前，店員必須按照規定更換服裝。

更換工裝必須在班前進行，切莫在工作崗位上當眾「表演」。更換工裝必須完全到位，要求在工作崗位穿著的服裝，例如帽子、鞋子、領帶、領花或手套等等，一件不准多，一件也不許少。

⑷驗貨補貨

直接從事商品銷售的理貨員，需要進行的一項重要的工作準備，便是需要驗貨和補貨。

其目的主要有二。一是爲了檢查自己負責銷售的商品是否在具體數量上有所缺失，二是爲了檢查自己負責銷售的商品在質量上有無問題。在進行驗貨之時，發現商品出現短缺，或商品出現質量問題，如骯髒、破損等等，應及時報告。

⑸檢查價簽

對商品或服務進行標價時，通常要求「一件一簽」。爲防止差錯，標價時最好使用打碼機打碼，儘量少用手寫。字跡要大小

適度，要使服務對象在距離兩米左右處可以看得清楚。

標價的標籤應當採用一致的格式，其內容主要包括「六標」，即必須標有貨號、產地、品名、規格、單位和單價。在具體制作價簽時，要做到「六標」齊全，並且還要防止商品與名稱不相符的「錯位」情況。

4. 上級交待事項

店員輪班操作，接班者應瞭解上一班人員的工作情形，並主動徵詢上級交待事項，以便工作持續。

5. 下班檢討

工作改善的要領，就是要每天檢討工作內容。

每天做相同的工作，最容易使人產生厭煩情緒，這是由於做千篇一律、十年如一日的固定作業，容易使一個人退步的緣故。

「維持現狀，即是落伍」。如果不抱持著「今日勝過昨日，明日超過今日」的想法，鞭策自己前進的話，立刻會成爲落伍者。

爲使每日的工作、生活日益進步，培養不進則退的觀念實有必要。所以，我們每天雖然做的是相同的工作，但是切切不可忘記提醒自己隨時去尋求更迅速、愉快、有效率的方法。

平時除了自己的工作以外，還要細心觀察自己的一舉一動。對今日、昨日的工作加以比較、分析、研討、綜合，才能達到具有宏大效益的改善，例如：更有效的銷售方法、商品的特殊小故事，如何操作更方便……。

◀))) 第六節　站好最後一班崗

一天的營業工作後，店員還要繼續做好一些收尾工作，爲今天的工作畫上一個圓滿的句號，也爲明天工作的開展做一個準備。

當送走最後一位客人，一天的營業工作也就結束了，但是這並不意味著店員可以收拾行裝回家了。營業結束後店員還要繼續做好一些收尾工作，如清點、增補商品、填寫交款單、檢查安全設施等，爲今天的工作劃上一個圓滿的句號，也爲明天工作的開展做一個準備。站好最後一班崗的店員，才會是一個優秀的店員。

營業結束後的收尾工作是從送客開始的。與開店時一樣，送客從關店前 15 分鐘開始，一直到送完最後一位顧客。不能出現板著面孔接待或催促顧客的現象，即使是下班鈴已響，也要熱情耐心地接待好最後一位顧客，然後準備營業結束的工作。

一般來說結束營業的工作流程大致如下。

第一遍播放溫馨的廣播音樂。

提示顧客本商場營業即將結束，店員須照常接待顧客，沒有接待顧客的店員可以開始清掃地面，將垃圾集中在櫃台角落。

第二遍播放溫馨的廣播音樂。

店員要對貴重商品、服裝及有要求的商品進行清點數量，結賬對數，整理票據工作。必要時應核計銷售額，並填入記錄本。檢查櫃台的缺斷貨情況，並登記在櫃台記錄本上。將貴重商品、計算器、三聯單及其他貴重物品放入指定位置並上鎖。拖、洗地面，關閉倉庫內的電燈，並將門窗關好，上鎖，切斷櫃台所有電器的電源。

第三遍播放溫馨的廣播音樂。

對商品單品進行清點，由櫃台負責人和鄰櫃負責人相互點數簽字確認，並留數在開票台上，以便晚上的夜間防損員查核。

第四遍播放溫馨的廣播音樂。

全部門的店員由主管組織集合開晚會，對本日營業情況進行簡短總結，並由防損員檢查是否攜帶商品，最後排隊離開商場。對於有統一制服的商場，店員還要在更衣室內換上自己的衣服，將制服放入更衣箱。

營業結束後的工作與營業前的準備工作一樣不可忽視。結束工作做的好壞直接影響到商品部的管理，有可能影響次日的營業。所以，營業的結束工作一定要做好做細，爲次日的營業打下好的基礎。

店員要做好結束工作，對一天的銷售情況進行全面的檢查、清點和總結，應當特別注意完成以下工作內容。

1. 清點商品

當營業結束時，無論是實行售貨兼收款還是集中收款的店員都要全面清點當日所剩的商品數量，計算銷貨款，並與售貨單相核對，檢查有無差錯。要認真核對所售商品與貨款是否相符，核對所剩商品與售出商品的銷貨單是否相符，核對所售商品與收款單是否相符，要確保三核對相符。

2. 填寫交款單

營業結束後，當店員把當天所收的貨款或收款單核對無誤後，連同填寫好的交款單一起上交財務部門，結清當天的銷售款。「貨款分責」的商店，店員要結算票據，並向收銀員核對票額。「貨款合一」的商店，店員要按當日票據或銷售額進行結算，清點貨款及備用金，如有溢缺，應當做好記錄，及時做好有關賬務，填好繳款單，簽章後，交給店長或商店經管人員。

3. 報表的完成與提交

當店員把當天的所收貨款上交後，還要書面整理、登記當日

的銷售狀況(銷售數、庫存數、退換貨數、暢銷與滯銷品數),及時填寫各項工作報表,在每週例會上提交,重要資訊應及時向店長反饋。每次促銷活動結束後需填寫促銷活動報告,在每日、週、月工作例會上提交。記賬和填寫報表有利於清查核對商品,便於發現差錯,並可爲月終盤點做好前期工作。

4. 酌情增補貨物

記賬清查完商品後,如果發現某種商品已售完或數量較少,爲減輕次日營業前的準備工作量,可適當增補一些商品。暢銷商品如果庫存無貨,應及時向上級主管反映,積極組織進貨,不影響次日的營業,盡可能滿足顧客的需要。

5. 整理擺放商品

營業結束後,店員除了做好清查、核對之外,還要把營業過程中擺放錯位或淩亂的商品擺放整齊。小件物品安放在固定的地方,高級物品及貴重物品蓋上防塵布,加強商品養護。對所轄展區、商品、助銷用品及銷售輔助工具進行衛生整理、陳列整齊,並把營業場地打掃乾淨,清除垃圾,將櫃台擦拭一遍,撣去商品上的灰塵,爲次日的營業工作做好準備。

6. 檢查安全設施

銷售高級商品及貴重商品的商店應檢查展櫃和小庫是否上鎖,同時將票據、憑證、印章以及商店自行保管的備用金、賬後款等重要之物都入櫃上鎖。做好營業現場的安全檢查,不得麻痹大意,特別要注意切斷該切斷的電源,熄滅火種,關好門窗,以避免發生火災和偷盜的行爲。在離店之前,還要認真地再檢查,杜絕隱患,確保安全。

7. 留言

實行一班制隔日輪休的店員,要把當班時的一些未了事項或價格、商品的變動等情況記錄在留言薄上,告訴下班的同事,提醒他注意並要求他協助處理。

第 *2* 章

店員的商品知識與技能

第一節　店員如何獲取商品知識

　　店員爲推銷商品，基本條件是要懂得商品知識，並將商品知識轉爲銷售重點，有技巧的推銷給客戶。

　　當店員爲顧客提供商品時，必須對商品具有相當的認識。一般而言，商品知識包括：商品名稱、種類、價格、特徵、原產地、廠商名、牌子名、素材、設計、顏色、花色、尺寸、使用方法、保養方法、保存方法、流行等等和商品有關的基礎知識以外，其商品的市場性及行情，與類似品及競爭商品之間的比較，關係法規等等的關連知識都涵蓋在內。這些都是店員本身必須具備的重要知識。

一、如何獲取商品知識

　　店員爲顧客介紹商品、推銷商品，基本條件是必須懂得商品，並將商品知識轉爲銷售重點。

作爲消費者，我們在逛商場時有沒有注意到商場的每個店員基本上都是笑容滿面，非常熱情的。其實，店員不能光有微笑的面孔，還必須了解各種商品和服務知識，要做到「賣什麼，就學什麼，就懂什麼」，當好顧客的參謀和幫手。店員在銷售前，首先就應當懂得一定的商品知識。

1. 了解商品的特性

一個優秀的店員必須了解以下關於商品的知識：

· 商品的名稱、商標和產地；

· 商品的原料、成分和製作流程，以及性能和用途；

· 商品的使用方法；

· 商品的售後服務和承諾。

作爲店員，對商品的性能和用途了解得越多，說服顧客的機會才越大，促成交易的可能性也就越大。

2. 了解自己所銷售的商品

了解商品，就要了解顧客是如何來衡量商品的價值的。總體而言，商品的價值由以下五個部份組成：

· 價格：「它比現在同類的產品便宜還是貴呢？」

· 質量：「質量比我現在用的更好嗎？」

· 功效：「它的使用效果比我現在的產品要好嗎？」

· 口碑：「它的生產商信譽好嗎？品牌有名嗎？」

· 服務：「我能享受到稱心如意的服務嗎？」

了解自身產品的最好方法是親自使用產品。

3. 了解競爭品牌產品

要想取得銷售成功，你需要對競爭品牌有一定程度的認識。

你可以運用各種方法去了解競爭品牌產品：留意市場動態、注意收集人們對於競爭品牌產品的使用心得與評價。這樣才可以解答顧客的疑問。

如果你對競爭品牌產品了解不夠，就不要對其妄加評論。顧

客會欣賞你實事求是的專業態度。

4. 將「產品特性」轉化爲「顧客利益」

店員最大的工作職能就是要學會將產品的特性轉化爲顧客的利益，達成銷售目的。

產品特性：是對產品的客觀描述。

顧客利益：是顧客使用該產品能爲自己帶來的好處和幫助。

顧客所關心的不僅僅是產品本身有什麼特點，他們更關心產品能給他們帶來什麼利益。因此，在向顧客講解產品時，切記將產品的特性與顧客的利益相結合，從而引發顧客對該產品的興趣，進而產生購買慾望及購買行動。

當你將產品的特性轉化爲顧客的利益時，可以使用「因此、所以」等串聯詞進行過渡，如：「由於這些特性……所以，它可以爲您帶來……利益。」

店員爲在櫃台推銷成功，必須藉助商品知識，有關商品知識獲得的方法，有下列幾項：

1. 接受公司培訓

公司有系統的培訓，給予各種有用的商品知識，傳授推銷重點，是最先、最容易得到的資訊來源。

2. 從賣場的前輩那兒學得

關於賣場上的每件商品，從資深店員或上司那裏聽來的說明，較爲具體，容易了解。將商品試用一遍，或是拿在手上端詳一下，對那商品的印象也會加深一些。有時當資深店員在向顧客作說明時，可站在一旁，邊聽邊學，也是獲取知識的捷徑之一。

3. 從專業書、專家處學得

在賣場中，從每一商品所學得來的知識，雖然較爲具體也較易了解，但整體看來，則顯得太瑣碎而沒有一個連貫。要想有條理地把它整理好，就必須借助專業書籍和專家們所說的話。

掌握有關商品的名稱及其特色、構造或機能等專門的知識，

不僅對客人說明時較有自信，也可以提供對顧客的生活有幫助的資訊，因而獲得顧客的信賴。

再者，本身擁有充分的專業知識，可推斷出商品的將來性，對新商品的出現可及早預先知曉。

4. 參觀工廠或從發表會上學得

參觀工廠可以看見整個製造過程，對了解商品內部的構造及性能有幫助，在做商品說明的時候，無形中增加了許多自信。

參加廠商所舉辦的發表會、展示會，對商品流行的傾向的掌握很有幫助。

5. 從廠商的業務員處學得

從往來中的廠商的業務人員處聽來的商品知識，非常有用處。特別是關於新製品方面的資料。

業務員希望你能替他們多賣出一些，一定樂意多作說明並提供資料給你。詢問他們商品在其他店或其他地區的銷售狀況、流行的狀態、價格的變動等等，都可以獲得珍貴的情報。

6. 從報紙或雜誌上學得

從報紙、雜誌上所刊登的「購物指南」或「新產品」欄，以及生活指導方面的記事等，店員必須經常閱讀，時時注意。因為那裏會詳細說明比較具體的選擇方法，及使用注意等事項。

如果店員還沒讀到，也許會被認為是商品知識有所欠缺。

7. 自己來使用、研究

想要獲知最正確的商品知識，自己使用看看，是最確實的方法。自己沒使用過的商品，如何能說「這個很好用」就介紹給客人用呢？

商品知識主要以使用方法為重點，主動地去使用看看，體驗一下商品的操作，可說是店員份內的工作。所謂的「使用看看」，並不是指在賣場的一角拿商品稍微試一下，而是在實際生活中成為一名消費者，親自體驗使用某種商品後的感覺。

高價商品或店員不可能使用的商品（例如，男性店員販賣婦人用品的時候，）是無法自己使用研究的。這時可向有使用此類商品的人打聽其使用經驗，便可以補足商品的知識了。

8. 從顧客處學得

顧客購買商品的時候，只要不是送人，一定是自己或家人使用。當這位顧客再度光臨時，就可以問他，如「上次真謝謝您的惠顧。」藉此可聽出那件商品的使用狀況及保養的方法等等，應該可以獲得唯有使用過的人才會知道的珍貴情報。如此一來，聽聽顧客商品使用上的意見，不僅可以增加店員們的商品知識，也可藉此傳達給百貨業者或廠商，如果因而對製品的改善有所助益的話，就等於做了一次優秀的商品調查了。

二、要將商品知識轉為銷售重點

我們所獲得的商品知識，可以在為顧客做商品說明時大顯身手。只是這裏不可混淆的是，商品知識和商品說明未必是同樣的。

所謂商品知識，是指與商品有關的所有知識而言，任何一個人說出來都必須是一樣的。

但商品說明則是商品知識的一部份，面對不同的客人一般在說辭上略有不同。為什麼呢？因為同樣的商品，隨著顧客對商品要求的內容不同，對顧客的說明多少要有所差異。譬如說，同樣一件商品，對心中想要「設計漂亮的東西」這樣的客人，就拿設計較精美的商品出來，針對商品設計的優點來做說明；想要「耐用持久的東西」這樣的客人，就拿品質優良的產品給他看，把重點放在品質上詳細說明。

第二節　店員培訓實例

　　對店員工作的要求，要加以具體化，並伺機培訓，只要提高店員服務品質，就可提高商店業績。

一、怎樣做好商品陳列

工作步驟 1. **檢查商品衛生**
具體操作：(1)將商品拿出櫃台
　　　　　　(2)用乾、濕布擦去商品上的灰塵
　　要求：小心謹慎，輕拿輕放。
工作步驟 2. **整理商品**
具體操作：(1)將放亂的商品整理復原，補充商品
　　　　　　(2)分類排列商品
　　　　　　(3)將商品擺放整齊
　　要求：一般營業前做好這些工作，並注意各方面的安全因素。
工作步驟 3. **陳列商品**
具體操作：先設計出陳列圖案方案，根據圖案方案擺放成形
　　要求：一般營業前做好這些工作，陳列商品要美觀大方，多而不亂，井井有條，富有藝術感、吸引力。便於銷售、保管安全。

二、如何從倉庫出貨

工作步驟 1. **填寫「出貨申請單」**

具體操作：(1)出新到商品

　　　　　(2)補充櫃台商品

　　　　　(3)將商品數量、規格、品名等列出

　　　　　(4)清單送倉庫倉管員，根據倉管員送來的商品驗收清單數量出貨

　　　　　(5)倉庫有貨、櫃台亦有貨

工作步驟 2. **出貨**

具體操作：收到倉庫保管員的「商品出貨單」後可出貨

　　要求：(1)及時出貨

　　　　　(2)亦可持「商品出貨單」直接到倉庫出貨

工作步驟 3. **驗收**

具體操作：(1)清點品種、規格、數量

　　　　　(2)檢驗商品質量

　　　　　(3)驗收簽名

　　要求：(4)按「商品出貨清單」逐一核對商品

　　　　　(5)拒收不符合要求或變質的商品

工作步驟 4. **貨到櫃台**

具體操作：(1)商品標價

　　　　　(2)上商品貨架

　　要求：商品逐一標好價，再上櫃，櫃內放不下商品，放備貨倉。

工作步驟 5. **記賬**

具體操作：記「商品三級明細賬」

　　要求：按財務部要求的項目記賬

三、怎樣進行商品記賬、銷賬工作

工作步驟 1. 貨進櫃台記賬
具體操作：憑進貨原始憑證記商品三級明細賬
　　要求：(1)寫清商品編號名、規格單位、銷售價
　　　　　(2)字迹清晰
　　　　　(3)科目分類準確

工作步驟 2. 銷售商品記賬
具體操作：售出商品要從賬簿上銷賬
　　要求：(1)根據「銷售商品明細表」銷賬，字迹清淅
　　　　　(2)科目分類準確

工作步驟 3. 盤點表
具體操作：盤點商品後編列「盤點表」呈交財務核對
　　要求：(1)盤點後要與「商品明細賬」、「繳收單、匯兌金
　　　　　　 額」核對
　　　　　(2)盤盈、盤虧查找原因

四、如何進行現金收款

工作步驟 1. 計價
具體操作：(1)計算已售商品總金額
　　　　　(2)將價款打進收銀機
　　要求：(1)計算要準確
　　　　　(2)核准金額

工作步驟 2. 填寫發票
具體操作：(1)按發票各欄目填寫
　　　　　(2)請顧客簽名

要求：字迹清楚

工作步驟 3. **收款**

具體操作：(1)收款要唱收唱付（例如收你一百元）

(2)辨清票面金額

(3)按當日外匯牌價換算貨款

(4)按收外匯（美元、日元、港元）收款

(5)將餘款、貨物、發票交給顧客並致謝

要求：仔細、認真、準確

五、怎樣清理櫃台衛生工作

工作步驟 1. **準備工作**

具體操作：(1)垃圾桶、吸塵機

(2)水桶、抹布、雞毛掃、卷紙、銅油膏、水、毛管

要求：事先準備的工具要乾淨

工作步驟 2. **倒垃圾**

具體操作：(1)將店內垃圾集中在一垃圾桶內，由一人去倒垃圾

(2)倒垃圾在晚班下班前 15 分鐘

要求：垃圾要倒在指定地點，垃圾紙張不要撒落在經過的道路上。

工作步驟 3. **抹櫃台、貨架、門窗**

具體操作：(1)打半桶清水

(2)將抹布浸濕，擰乾後擦貨架、櫃台、門窗，第一遍初擦，第二遍清洗抹布再擦一次

要求：勤洗抹布，以保持抹布清潔

工作步驟 4. **抹玻璃、鏡子**
具體操作：(1)將玻璃清潔劑倒在抹布上，來回抹玻璃鏡
　　　　　(2)在無玻璃清潔劑的情況下，可先用濕抹布擦，
　　　　　　　後用乾抹布或紙擦
　要求：玻璃鏡用水抹至光亮為準

工作步驟 5. **擦銅器**
具體操作：(1)將銅油膏塗在銅條上
　　　　　(2)用卷紙擦銅條
　要求：銅條擦至光亮為準

工作步驟 6. **清掃商品**
具體操作：(1)可用濕布抹的商品就用濕布抹去灰塵
　　　　　(2)不能用濕布擦的商品用幹布擦或用雞毛帚掃去
　　　　　　　商品上的灰塵，高檔的商品可用雞毛撣掃去商
　　　　　　　品上的灰塵，但每週必須取下清抹一次。
　要求：(1)商品要輕拿輕放
　　　　(2)打掃完衛生後及時擺放商品

工作步驟 7. **吸塵、清潔**
具體操作：(1)將吸塵機插頭插上電源
　　　　　(2)打開吸塵機開關
　　　　　(3)抓住吸塵機把手來回擦
　　　　　(4)吸塵桶垃圾滿後清倒
　要求：吸淨地毯的灰土雜物；大件的雜物，用手撿起丟
　　　　進垃圾桶

工作步驟 8. **清潔衛生用具**
具體操作：倒掉水桶髒水；用清水洗淨、抹乾；工具應放在
　　　　　隱蔽位置
　要求：不應使客人看到清潔工具

六、怎樣做好商品包裝

工作步驟 1. 包裝準備材料

具體操作：包裝紙（大、中、小）

　　　　　　⑴包裝袋（大、中、小）

　　　　　　⑵包裝盒

　　　　　　⑶包裝繩

　　　　　　⑷透明膠紙

　　　　　　⑸橡皮筋等

　　要求：營業前準備好。

工作步驟 2. 材料

具體操作：根據商品的大小而選出適當的包裝材料

　　要求：看貨選料

工作步驟 3. 包裝

具體操作：將商品堆疊整齊

　　　　　　⑴或將商品放入包裝袋

　　　　　　⑵或用紙包裝商品，再用包裝繩紮好。

　　　　　　⑶或放入包裝盒，用填料填滿空位再用包　裝紙
　　　　　　包好，用繩扎好。

　　要求：不規則商品儘量放平，要根據客人的要求包裝。

　　　　　商品包裝美觀大方牢固、結實、方便攜帶。

七、怎樣做好營業盤點

1.清點商品數量、質量

2.核算庫存商品金額

3.與「商品明細賬」核對

4.與「繳款單」彙總金額核對

5.與「銷售明細表」核對

6.核對正確否：正確（填寫盤點表、交會計部）、不正確（查找差錯原因）。

◀))) 第三節　店員要持續進修學習

知識就是力量，就是生產力。要成爲一個出色的店員，就必須具備與工作相關的許多知識，而商品知識是其中最爲重要的一個。商品的基本知識、保養護理知識、計量、故障排除知識等相關的都需學習，那麼如何學好這些知識呢？這就需要運用一定的方法，通過一定的途徑，下面就來解決這個「障礙」。

與商品相關的知識有很多，同樣，可以學習的方法、管道也有很多。只通過一個管道想學到所有的知識，那是不可能的，只會固守一種方法的店員也是不明智的。店員要學好商品相關知識應該從兩方面入手，一個是自己，因爲自己是學習的主體，沒有對自己的嚴格要求就很難堅持到底；另一個是別人，因爲他人是知識的源泉，他人可以給你無窮的力量。

一、從「我」做起

在學習商品相關知識時，店員首先要有永不停止的學習意識，不應受外在因素的影響。有的店員總想選一個輕鬆的櫃組，比如自選區，他們認爲「自選區多好啊，也不用積極主動地接待顧客，更不用費盡心思地學習商品知識。」但事實上並不是這樣，無論在那個崗位，相關的商品知識對於店員來說都是必不可少

的，即使是用不著賣力地向顧客推銷，要解決顧客的疑問也還是需要豐富的商品知識作爲保證的。因此要堅持學習，不要有絲毫的停滯，況且現在的商品更新換代十分迅速，一不留神你可能就已經落後於這個時代了。無論在什麼樣的崗位或環境中，店員學習商品知識的意識是不應減退的。

其次，在工作中經常出現這樣的現象，對櫃組暢銷的商品店員往往掌握較好，但對滯銷的或不經常賣的商品就會有些遺忘生疏。這就需要店員每天抽出一定的時間溫習一下那些並不常賣的商品的知識，當顧客有需要時，你爲顧客介紹起來也會得心應手。否則的話，本就難銷的商品恐怕就要變成滯銷，以致最終被淘汰，給商店帶來損失。只有全面地掌握商品知識，才能選擇最適合顧客的商品進行介紹，而且也很大程度上地減少了滯銷。

再者，要從實際操作中深入學習。比如，兩種電磁爐都具有一鍵通功能，就是把水、米放入鍋裏，直接按這個鍵，就能把飯做熟，非常方便。但有顧客反饋××品牌的這種功能的電磁爐子做出的飯糊鍋底，而說明書上對此也沒有介紹。於是這個櫃組的店員就買來了米，當場進行實驗，結果發現兩個不同品牌雖都具有一鍵通功能，但顧客反饋的這一品牌做出的飯的確糊鍋。通過仔細觀察發現，在加熱過程中，這種品牌沒有自動感溫系統，不能根據鍋內水與米的比例將溫度進行自動調整，所以在使用時容易糊鍋。而另一品牌的商品則有自動感溫系統，能將鍋內溫度自動調節。通過實際操作，店員對兩個品牌有了進一步的瞭解，介紹也更有針對性了。有些知識在說明書上是學不到的，要在實際應用中才能發現問題、解決問題，所以店員在銷售過程中也要注意總結經驗，從實際操作中學習到一些獨特的知識，這將非常有助於你下一步的商品推介。

最後，要注意通過多管道學習。瞭解商品知識的途徑有很多，只要大家留心，在工作之餘多看書，讀報，在娛樂的同時也

能發現不少相關的知識。比如你是體育用品專賣店的店員,那就應該瞭解一些體育知識。如科比是誰,他穿什麼樣的籃球鞋,網球鞋爲什麼這樣設計等等,這些知識都是你應該瞭解的,知道得越多,和顧客的交流越順暢,在向顧客推薦商品時成功的機會就越大。

二、向別人看齊

「三人行,必有我師」。每個人都有自己獨特的知識結構,都可能在某方面是個專家,在和人交往的過程中也可以學到許多東西,從而豐富自己的商品知識。

店員每天接觸最多的就是顧客,顧客是店員第一個要學習的對象。

特別是對於一些較爲專業、價值比較高的商品,很多顧客在購買之前都是查過相當多的資料,有了相當瞭解的,或者有些是長期用戶,經驗非常豐富,這時店員就要抓住機會多聽多問多請教,在推薦商品的同時也豐富自己的商品知識。

還可以向同事學習。同樣的問題可能你沒有遇到,但別的同事已經遇到過並且找到了解決的方案。學習是相互的,取人之長,補己之短,更何況是做同樣工作的,可以借鑑學習的地方更多。

還有一個不應該忽視的學習對象,那就是供應商。作爲產品的生產者,他們對產品更加瞭解,是商品知識的源頭,從他們那裏可以學到更爲專業的知識。一般店員會發現當供應商或者他們的服務人員講起品牌市場行情及有關商品性能時,都頭頭是道,非常透徹,特別是新商品,賣點特別突出。其實這正是一個學習商品知識的好途徑,店員要利用他們到商店的機會向他們請教,一些產品在店員看來可能沒有什麼特點,不好賣,但是在聽過他們的講解之後,你可能就會發現這款商品的特點和銷售潛力。

第 **3** 章

店員的肢體語言

🔊)) 第一節　店員的著裝 TOP 原則

　　從店員的穿著，可看出一店的風格，並評定所銷售商品質量的優劣。店內銷售成功始於店員先推銷自己，而店員的著裝則是他們開始推銷自己的第一張牌。

　　「服裝不能造就出完人，但是第一印象的 80% 來自於著裝」，「推銷的成功始於推銷自己」。可見，對於店員來說，要有效地推銷自己，進而成功地銷售產品，掌握一定的著裝原則，是非常有必要的。

　　著裝的基本要求是乾淨整潔，即要能符合時尚美感，又要能恰當地體現個性風采。

　　穿著得體的服裝，首先需要了解自身體型的特點，在著裝時揚長避短，展現自己的最佳外形。

　　在服裝的款式方面，建議店員挑選款式簡明的服裝，因為這樣的服裝比較容易搭配，也會顯得落落大方。對於過於新潮、誇張而又不適合自己的款式，還是避免為妙。

色彩的深淺會給人不同的感受。比如說，深色服裝會讓人們產生視覺上的收縮感，穿上去會顯得莊重嚴肅一些；而淺色的服裝會有擴張感，使人顯得輕鬆活潑。

色彩還有冷暖色調之分，分別給人或穩重或輕盈的視覺效果。冷色調的寶藍色可以給人沈穩的感覺，而暖色調的橙色往往可以帶給人熱情奔放的印象。因此，你可以根據自己的不同需要進行色彩的選擇和搭配。

總之，乾淨、整潔、和諧、適合你自己的著裝，會令你舉止之間流露出自然的美感和迷人的魅力。店員要學會穿衣之道，要講究著裝的 TOP 原則。

TOP 是三個英語單詞的縮寫，它們分別代表時間（Time）、場合（Occasion）和地點（Place），店員著裝要與當時的時間、所處的環境和地點相協調：

1.時間原則（Time）── 著裝要隨時間而變化

如果你白天工作時，需要與剛結識不久的顧客會面，建議著裝要正式，以表現出你的專業性；而晚上、週末或休閒時間與顧客在非正式場合會面，則可以穿得休閒一些。工作之餘，要放鬆自己，如果穿得太正式，就會給顧客留下刻板的印象。

如果參加正式的晚宴，則需要遵循場合原則，穿正式晚宴裝了。

每年有春夏秋冬之分，每個季節都應該有適合該季節氣候特點的服裝。如果冬天穿得太薄，顧客會看得不舒服，而夏天穿質地厚重的衣服，顧客會感覺你保守及不合時宜。因此，在著裝時要選擇與氣候相適度的服裝。

著裝除了隨時段和季節而變化外，還應該順應時代的潮流。雖然一味地跟著潮流走不一定會產生好的效果，但是悖離時代特點和大眾的審美觀，也會顯得格格不入。

2. 場合原則（Occasion）—— 著裝要隨場合而變化

場合可以分爲正式場合和非正式場合。

在正式場合，例如與顧客會談，參加正式會議或出席晚宴等，店員衣著應莊重、考究。男士可穿質地較好的西裝，打領帶，女式可以穿正式的職業套裝或晚禮服。

在非正式的場合，例如朋友聚會、效遊等，著裝應輕便、舒適。如果一位女士穿高跟鞋、窄身裙搭乘飛機，將會發現給自己帶來諸多不便。同樣的，如果穿便裝去出席正式晚宴，是對宴會的不尊重，也會令自己頗覺尷尬。

3. 地點原則（Place）—— 著裝要入鄉隨俗、因地制宜

這裏所指的地點即你所處的地點或準備前往的地點。如果你在自己家裏接待顧客，可以穿著舒適的休閒服，但要乾淨整潔；如果去顧客家裏拜訪，則既可以穿職業套裝，也可以穿乾淨整潔的休閒服。

如果去公司或單位拜訪，穿職業套裝顯得專業；出外效遊可以穿得輕鬆休閒一些。

例如食品業的業務員到酒店拜訪，並在酒店的中餐廳廚房裏示範產品功效時，則宜穿著輕便的服裝，因爲如果你衣冠楚楚地在廚房示範產品，不僅在示範操作時礙手礙腳，也有可能令別人排斥你，感到你不屬於他們這個行業圈子。

總之，你的穿著打扮應該與時間、場合、地點保持和諧。這樣，不僅能令自己感覺舒適、信心十足，也能給顧客留下良好的第一印象，喚起顧客對你的好感與共鳴，樂意與你交談，無形之中使雙方的關係變得融洽、親切。否則，你會顯得和這個環境格格不入，甚至滑稽可笑。

🔊))) 第二節　店員的穿衣學問

男女店員的穿衣，要莊重而正式。穿衣有技巧，魅力自然來。

一、瀟灑男士穿衣學問

與顧客見面時你可以穿襯衫和西褲，使自己顯得隨和而親切，但要避免穿著牛仔裝，以免顯得過於隨便。

如果是去顧客的辦公室，則一般要求穿西裝，因爲這樣會顯得莊重而正式。在所有的男式服裝中，西裝是最重要的衣著，得體的西裝穿著，會使你顯得神采奕奕、氣質高雅、內涵豐富、卓爾不凡。

1.西裝

選擇西裝，最重要的不是價格和品牌，而是包括面料、裁剪、加工工藝等在內的許多細節。

在款式上，應樣式簡潔，注重服裝的質料、剪裁和手工。在色彩選擇上，以單色爲宜，建議至少要有一套深藍色的西裝。深藍色顯示出高雅、理性、穩重；灰色比較中庸、平和，顯得莊重，得體而氣度不凡；咖啡色是一種自然而樸素的色彩，顯得親切而別具一格；深藏青色比較大方、穩重，也是較爲常見的一種色調，比較適合黃皮膚的東方人。西裝的穿著也要注意與其他配件的搭配，例如西褲的長度正好觸及鞋面。

2.領帶

懂得自我包裝的男士非常講究領帶的裝飾效果，因爲領帶是點睛之筆。除了顏色必須與自己的西裝、襯衫協調之外，還要求

乾淨、平整不起皺。

領帶長度要合適，打好的領帶尖端應恰好觸及皮帶扣，領帶的寬度應該與西裝的寬度相協調。

3.襯衫

領型、質地、款式都要與外套和領帶協調，色彩上要和個人特點相符合。純白色和天藍色襯衫一般是必備的。注意領口和袖口要乾淨。

4.襪子

寧長勿短，以坐下後不露出小腿爲宜。襪子顏色要和西裝協調，深色襪子比較穩妥，因爲淺色襪子只能配淺色西裝，不宜配深色西裝。

5.鞋子

鞋的款式和質地的好壞，直接影響到男士的整體形象。在顏色方面，建議選擇黑色或深棕色的皮鞋，因爲這種顏色的皮鞋是不變的經典，淺色皮鞋只可配淺色西裝，如果配深色西裝會給人頭重腳輕的感覺。休閒風格的皮鞋最好配單件休閒西裝。

無論穿什麼鞋，都要注意保持鞋子的光亮及乾淨，光潔的皮鞋會給人以專業、整齊的感覺。

二、優雅女士穿衣學問

在公司規定下，女性店員一般是穿公司制服的。在不限制的範圍內，可自由著裝，但女性店員仍應注意自己的穿衣，因爲它代表著你自己的風格、品性，也代表著公司的形象。

1.保持衣服平整

皺巴巴的衣服，會讓人覺得你很邋遢，而平整的衣服使你顯得精神煥發，所以應保持衣服熨燙平整。最初購買服裝時，可諮詢服裝店的店員，多選擇一些不易皺的衣料。

2.襪子顏色要協調

襪子要透明似膚色，與服裝搭配得當爲好。夏季可以選擇淺色或近似膚色的襪子。冬季衣服的顏色偏深，襪子的顏色也可以適當加深。

女性店員應在皮包內放一雙備用絲襪，以便當絲襪被弄髒或破損時可以及時更換，避免尷尬。女士切勿穿著勾絲的絲襪，那會使小腿非常「惹眼」。

3.飾品要適量

巧妙地佩戴飾品，能夠起到畫龍點睛的作用，給女士們增添色彩。佩戴的飾品不宜過多。佩戴飾品時，應儘量選擇同一色系。佩戴首飾最關鍵的就是要與你的整體服飾搭配統一起來。

總之，店員穿著職業服裝必須做到整潔、筆挺、大方。所謂「整潔」，是指服裝必須搭配合理，衣褲無污垢、無油漬、無異味；所謂「筆挺」，是指衣褲不起皺、上衣平整、褲線筆直；所謂「大方」，是指衣服款式簡練、高雅、線條自然流暢。

🔊)) 第三節　店員的外觀儀容

乾淨、整齊、大方、優雅，是男女店員在儀容方面的修飾原則。

店員是公司的形象，你的儀容關係到整個服務的質量，店員得體的儀表和溫馨的笑容會給每一個顧客留下深刻的印象，在服務週到的同時也給顧客帶來了美的享受。

無論是男性店員還是女性店員，加強自身修養是塑造良好形象的重要手段。建議平時多讀書看報，給人以知書達理、善解人意的印象。同時，你還要注意言談舉止得體大方。這樣內外結合，

相得益彰，才會顯得你氣質高雅、魅力無窮。

一、男士儀容重在「潔」

男性店員在日常工作中無需化妝，但是需要保持健康、整潔的儀容。作為一個櫃台的店員，如果你臉色蒼白、嘴唇黯淡，會給顧客造成什麼印象？他們可能會擔憂你的健康狀況，進而懷疑你所銷售的商品的功效。

由於生理因素的活動量大。男性皮膚比較粗、毛孔大、表皮容易角質化。同時汗液和油脂的分泌也比較多，會使灰塵和污垢積聚、堵塞毛孔，引起細菌感染，皮膚發炎。因而，男性店員更應該注意「面子問題」。

總之，男性店員的儀容重在「潔」，即乾淨整潔。做到這點，能讓自己倍添信心，並以最佳的儀態面對顧客。

二、男性店員應注意的儀容問題

1.乾淨、整潔、大方

人們一向都不喜歡與邋遢、不拘小節的人交往。由於男性皮脂的分泌較多，汗腺也較發達，容易產生異味，故應該更加注意講究衛生，勤洗臉、洗髮、洗澡、剪指甲、換衣服，隨時保持身體乾淨衛生，衣飾整潔大方，這樣才能讓顧客願意接近你；另外，抽煙的男士要注意保持口腔衛生，避免煙味太濃。

2.整體格調健康舒適

這裏是指鬍鬚、頭髮等對外觀有影響的因素。並非男性店員不能留鬍鬚、長髮，但應保持乾淨，力求將整潔大方的儀容展現給顧客，不能讓人有「滄桑感」。我們這裏建議男性店員不留長髮，髮尾不超過耳根，髮式以線條簡潔、流暢、自然為好，給人以健

康舒適的感覺。

3. 養成自我保健意識

男士平常也應使用基本的護膚品，特別是在皮膚容易乾燥的秋冬季節。如果你皮膚乾燥、嘴唇脫皮，在向顧客銷售護膚品時，何來說服力呢？只有當你皮膚光潔、嘴唇滋潤時，在銷售護膚品時才能給顧客以信心。因此，男性店員要養成自我保健的意識。

三、女店員儀容重在「雅」

除了要具備男性店員儀容之「潔」以外，女性店員在儀容方面還要表現出「雅」來。「雅」是一種由內至外散發出的高雅氣質。

四、女性店員的儀容表現

1. 妝容配合氣質

女性店員應該注意，化妝風格要和自己的氣質相近，這樣才能更好地表現出自己的「神」和內在的「雅」來。建議平時多留意一些時尚或化妝雜誌，多學習一些化妝手法。

2. 典雅不失清新

女性店員應化妝出典雅又不失清新的職業女性格調，表現出成熟、幹練而又親切的職業形象，讓顧客感到您值得信賴。

3. 亮麗而不俗氣

推銷日用化妝品的女性店員，不妨把自己裝扮得亮麗一些，令自己顯得神采飛揚，以此來感染顧客。但要掌握分寸，過度就會顯得俗氣。

4. 時尚兼具個性

時尚是現代人對美所達成的一種共識，你要有敏銳的時尚觸角，並從中捕捉適合自己個性的元素，而不要輕易受潮流的影響，

潮流不一定適合每一個人。因此女性店員的妝容應該展現出既時尚又和諧自然的美感，這才是「雅」的體現。

　　總之，修飾儀容要講究協調，即要與店員自身的外貌、氣質、身份以及外部的環境相協調，給人以「淡妝濃抹總相宜」的感覺。

五、店員的儀容修飾

　　面部儀表修飾也稱儀容修飾。儀容一般意義上講也就是指個人的容貌，即通常人們所說的相貌和長相。這是人際交往中，首先為別人所注意的地方，也是首要的視覺形象，進而可能會影響到別人對自己的整體評價，所以店員一定要注意對自己儀容的修飾。

　　店員面部修飾的原則有三點，即潔淨、衛生和自然。

1.潔淨

　　潔淨對面部修飾來說是一個最基本的原則。因此店員在進行面部修飾時，首先要考慮面容的清潔與否，務必要把保持自己的面部乾淨、清爽當做一椿大事來看。

　　要真正保持面部的乾淨清爽，公認的標準是臉部無灰塵、無泥垢、無汗漬、無分泌物、無其他一切被人們視為不潔之物的雜質。店員要做好這一點，就要養成平時勤於洗臉的良好習慣。應當著重指出的是，對於廣大店員而言，洗臉絕對不應當被看成僅僅是早上起床後、晚上睡覺前的個人私事。要真正保持自己面部的潔淨，實際上每天只洗一兩次臉是遠遠不夠的。依照常規，外出歸來、午休完畢、流汗流淚、接觸灰塵之後，店員均應自覺地及時洗臉。

　　在洗臉時，店員一定要耐心細緻，完全徹底，「面面俱到」。眼角、鼻孔、耳後、脖頸等易於藏汙納垢之處，切勿「蜻蜓點水」，一帶而過。

2.衛生

店員要認真注意自己面容的健康狀況,如果面部的衛生狀態不佳,很容易讓顧客產生抵觸情緒。

面部的衛生,需要同時兼顧講究衛生與保持衛生兩個方面。特別應當留意,要防止由於個人不講究衛生而使面部經常疙疙瘩瘩。可以想像,一位面部滿是癤子、痤瘡或是皰疹的店員,在服務對象的眼裏是什麼形象。

所以店員一旦面部出現了明顯的過敏性症狀,或是長出了癤子、痤瘡、皰疹,務必要及時去醫院求治,切勿任其自然或者自行處理。尤其不要又抓、又撓、又擠,免得因此而「滿臉開花」,讓人慘不忍睹。

此外根據常規,店員萬一面部患病、負傷或是治療之後,特別是當其面部進行包紮、塗藥之後,一般不宜直接與服務對象進行正面接觸,而是需要暫時休息,或者暫做其他工作,而不能讓其仍「一如既往」地面對顧客以致影響服務品質。

3.自然

所謂自然是要求店員在修飾面部時要符合人們對自己角色定位的常規標準,不能太過創新,一味地追求時尚新潮,更不能緊迫社會的「流行風」,過於誇張地修飾自己。比如,目前流行一時的貼飾,即將圖形、文字粘貼於面部或身體其他部位的做法,如果出現在一位店員的身上肯定不會讓人苟同的。因此,既要美觀又要合乎常理是店員時刻要牢記的標準。

當然,要求店員面部修飾得自然一些,並非排斥美觀。依照常規,對面部進行適當的美化未嘗不可。但同時要意識到,店員按其工作性質進行面部修飾,最重要的是要「秀於外」與「慧於中」二者並舉。如果只是片面地強調面部的美化,甚至要求店員都去改變自己天生的容貌、文眉、隆鼻、墊腮、吸脂、唇線、割雙眼皮,不僅沒有必要,而且也太苛刻。

第四節　店員如何運用手勢

　　店員在櫃台販賣商品，要藉助靈巧的肢體手勢，以幫助傳達信息。

　　在商業服務場合，商品的買賣常通過商業服務人員靈巧的雙手來完成的。從這種意義上說，手勢是一種傳達信息、情感的形體語言。若手勢運用得自然、大方、得體，可以給人含蓄、高雅的良好感觀。

　　手勢可以分爲兩大類：象徵性手勢和說明性手勢。象徵性手勢是一種體肢表現形式。通常是一種泛指。它所指示的對象可能是物體、方向、人物等。服務工作中的手勢均以這種表現形式來規範的。

1.象徵性手勢的分類

　　第一類：情感手勢，這是用來表達情感態度，使其形象化，具體化的手勢。例如用手放在心口的方式表達關愛和熱心服務等意思。

　　第二類：指示手勢，這是在商業服務中常用的手勢，它主要用手對具體對象方位、高低、尺寸等加以指向的手勢。

　　第三類：形象手勢，用來給具體的東西一種估量，以說明其形狀、大小、樣式的手勢。

　　第四類：象徵手勢，是爲了把某種抽象事物概括表達得更清晰而採用的手勢。

　　在接待服務工作中的手勢，大多爲象徵性手勢，這種手勢在接待場合又被稱爲規範手勢。

2.手勢的標準

在做規範手勢時，應五指伸直並攏，手臂與手腕保持一個平面，手臂彎曲成 140 度左右，掌心斜向上方，手掌與地面成 45 度角。同時，目視來賓，面帶微笑，充分體現出友善與尊敬。規範手勢按手位的高低又可以分爲高位手勢、中位手勢、低位手勢。

高位手勢在表現的時候，手勢的高度一般在肩部以上，頭部以下。在商業服務中，常常可能遇見顧客詢問櫃台上的物品或貨物方位的情況，此時，店員可將顧客帶到適當的地段，將手擡到與肩同高的位置，前臂伸直，用手掌指向顧客要找尋的位置並配以簡單的話語加以說明。等顧客表示清楚了，可把手臂放下，然後輕輕退後。

中位手勢在表現的時候，手勢的高度一般在腰部與肩部之間。例如，需要進行業務洽談或需要引導客人進入室內，可站在來賓側方，左手下垂，右手從腹前擡起，向右橫擺到身體的右前方，微微注視對方並說：「請進」，待賓客進去後再放下手臂。

低位手勢表現的時候，手勢的高度一般在腰部以下。例如，在商業洽談過程中或商業服務的演示場合，服務人員需請來賓入坐時，應先用雙手扶椅背將椅子抽出，然後一隻手向前擡起，從下向上擺動到距身體 45 度處，示意請來賓入坐。

3.手勢運用中常產生的問題

手指不伸直並攏，呈彎曲狀，很不雅觀；

手臂僵硬，缺乏弧度而顯得生硬、機械、呆板；

動作速度太快，缺乏過渡，顯得緊張，不能引起注意；

手勢與面部表情、眼神配合不協調，顯得不夠真誠；

用手指指點點或亂點下頜來代替手勢，顯得沒有禮貌，缺少修養。

第五節　店員在商業活動中的站姿

　　儀態，是指人在行爲中的姿態和舉止；姿態主要是指人的身體呈現的樣子；舉止則指人在行爲中的舉手投足，它們共同構成人的身體語言。如果說，人的服飾構成了人的靜態美，那麼，儀態則是一種動態美。優雅的儀態，是人們美好氣質的重要體現，是良好人格修養的外在形式，它們能傳達出我們的文化內涵和情感資訊。因此，在商業服務工作中就更應注重儀態的美。

　　最容易表現出姿態特徵的，是人處於站立時的姿勢。雙腿並攏站立者，有可靠、忠厚老實之感；雙腿分開者，腳尖略偏向外站立者則表現出果斷、任性和進取；雙腿並攏，雙腳前後站立者，顯示出雄心、進取和暴躁；站立時一腿直立另一腿彎且以腳尖觸地者，又顯示出一種不穩定的，好挑戰與刺激的特徵。

　　作爲一名商業人員，我們應該使用正確的站立姿勢。例如，男士應顯得挺拔穩重，女士則顯應得優雅端莊，給人一種熱情可靠，落落大方之感。根據商店場合的不同，又可以分爲櫃台站姿、開放式貨架站姿、導購站姿。

1. 櫃台的標準站姿

　　身體離開櫃台約一拳左右，兩手自然下垂，也可在腹前交叉，左手在前握住右手，兩手大拇指疊於掌心內側。男士雙腳分開與肩同寬。同時兩眼注意觀察來往顧客的動向，目光親切自然，主動熱情地招呼客人，使自己能隨時作好迎接顧客的準備。

　　當顧客來到櫃台並接受服務時，服務人員可採用雙手輕放櫃台，身體略微向前傾的姿勢，使自己更好地同顧客交流並更及時準確地爲顧客取物。

2.開放式貨架的站姿

在等待顧客時應以標準站姿站立，雙手自然下垂或交叉於腹前（同櫃台站姿），也可雙手交叉於後背，站立在幾個貨架中間，使自己能兼顧工作的全部範圍，工作時特別注意揣摩顧客的心理，及時、大方、熱情地爲顧客介紹商品，在與顧客交流時，保持上體的微微前傾，兩眼注視顧客，表情柔和，語言親切。

3.商品介紹的站姿

以標準站姿站立，女士雙手在腹前交叉，左手前握住右手，兩手大拇指疊於掌心內側。男士雙手在後背交叉，右手在內，左手在外，兩手大拇指置於掌心處，雙腳分開與肩同寬。顧客光臨後可先向顧客行鞠躬禮並主動招呼顧客，同時配合手勢語和表情語使導購工作規範熱情，落落大方。

探脖，歪頭、斜身，弓背，腆腹，撅臀，彎腿，雙手叉腰，兩手抱胸或插入口袋；身體趴在櫃台上或倚靠在貨架上站立；身體晃動或抖腳等站姿，會使人覺得商業服務人員服務時漫不經心、精神不振或態度惡劣等，嚴重影響商業企業的形象。

🔊))) 第六節　店員在商業活動中的坐姿

坐是交往活動中最重要的人體姿勢，其包含的意義也非常豐富。人的一生中，坐的時間約佔 1/3，在坐的過程中，性格特點及心理活動的狀態，會呈現出自然的流露，例如，坐時翹起一條腿的人顯示出相當的自信；坐時將腿並攏、將腳平放的人則顯示出坦率、開放或誠實；入坐後就不斷抓頭髮的人，性子急，喜歡速戰速決，易見異思遷；而入坐後不斷摸下巴的人，則流露出了他的煩惱心境。

1.店員的標準坐姿

在商務會談中，應從椅子的側面進入座位，款款入坐，動作要輕柔緩慢、優雅穩重。

入坐時應採用背向椅子的方向，右腿稍向後撤，使腿肚貼在椅子邊；上體正直，輕穩坐下。女士入座時，應整理一下裙邊，這樣既可避免因坐下時間過長引起裙邊起皺紋的尷尬現象，又顯得端莊嫻雅。

入坐後，雙腳並齊，手自然放在雙膝上、椅子扶手上或輕放在桌面上；坐穩後，人體重心向下，腰挺直，上身正直，雙膝並攏微微分開。女士入座後，雙腳腳跟都要靠攏。在會談過程中，身體應適當向談話者傾斜，兩眼注視談話者，同時兼顧左右兩側的其他人員。

2.店員的沙發坐姿

若商業會談時，雙方需在沙發就坐時，也應注意自己的體態語言。入坐後挺胸、立腰，兩腳垂地後稍微內收，兩膝和兩腳並攏，臀部坐在沙發的 1/3 或 2/3 處，背部不要靠沙發，兩手自然彎曲，手扶膝部或交叉放於大腿中前部。

3.店員應避免的坐姿

店員應避免不好的動作，例如晃腳尖，腳不停地敲打地面，雙膝分開得很開，腿伸的很遠，起坐過猛，坐下後上身不直，左

右搖晃，雙腿緊藏在椅子下，坐下後擺頭撓耳或用手不停地撥開眼前的物品，用手抓摸脖子、鼻子、頭髮等，這些坐姿給人以漫不經心、狂妄自大、缺乏涵養、耐心不夠、心理素質差、衛生習慣差等不良印象。

第七節　店員在商業活動中的走姿

　　走是最能體現出一個人精神面貌的姿態，一個人的歡樂、悲痛、懶散或進取、失意等狀態，都可從其走路的動作中體現出來。

　　大步走路且步子富有彈性者，是一個自信、快樂、友善且富有雄心的人。喜歡支配別人的人，走路時傾向於腳向後踢高。性格衝動的人，易向鴨子一樣低頭走路；女性走路手臂擺得越高，越能顯示出精力充沛並且樂觀向上，這樣的女性往往會有成就。

　　在人的一生中，而且行走多在公共場合進行。作爲商場的店員，在交際場合優雅的行姿，既可給人以動態美的享受，又能體現出良好的氣質和風度，展示出員工充分的自信和群體形象。

1.正確的走姿

　　其基本要求是從容自如、矯健敏捷，女士婀娜輕盈，男士穩健灑脫。

　　具體要求是：上體正直，挺胸收腹，精神飽滿；擡頭，下巴與地面平行，兩眼平視前方，面帶微笑；跨步均勻，兩腳之間的距離約爲一隻腳到一隻半腳；步伐穩健，自然，有節奏感；走路時腰要用力並向上提；身體重心略向前；邁步時，腳尖可微微分開，但腳尖腳跟與前進方向應幾乎保持一條直線，避免「八字腳」的出現。

　　女士邁步時，兩腳內側踩一條直線，也叫「一字步」，男士

走兩條平行線,也叫「穩重步」;兩手臂放鬆,前後自然協調擺動,手臂與身體的夾角一般在 10 至 15 度。

2.應當避免的走姿

身體亂晃動,步子太小或太大,雙手插入褲兜或反背後,重心下墜、腆肚、彎腿,走路時東張西望,漫不經心或低頭等。

第八節　店員與顧客溝通的三步驟

店員工作,可歸類爲人對人的服務,因此,人際溝通技巧尤其重要。

在與顧客建立關係的過程中,溝通技巧及表達藝術的運用尤爲重要。掌握這些技巧可以使我們與顧客的交流更順暢,還可以充分地體現出我們銷售的專業性。

一、顧客服務的溝通要點

在顧客服務中,我們應掌握三個重要的溝通要點。在面對面

的交流中，這些要點簡單易記，又非常有效。我們應該時刻記住這句話：「傾聽、回應、積極關懷、勇往直前，是銷售贏家的成功之道。」

1.第一步是探詢

探詢，即指詢問顧客。探詢有兩種形式：開放式和封閉式。開放式的問題通常用於從顧客那裏獲得更多的信息，而封閉式問題通常用來確認澄清顧客的問題。

⑴提出問題以知道顧客所需

例如：「您好！您希望我能幫助您什麼呢？」

「問題在那裏呢？」

⑵確定理解了顧客的意思

在與顧客交談時，我們可以不時地用自己的語言把顧客的需求表達出來，也可以覆述顧客的原話，用以向顧客暗示自己理解了他（她）的意思。

2.第二步是反應

積極傾聽並作出反應，對顧客所顧慮和關心的事情表示理解。重要的是，我們要抓住顧客的真實想法，而非顧客的表面意思，我們不一定要完全贊同顧客說話的內容，但必須對顧客的觀點表示尊重。

⑴配合身體語言來積極聆聽

例如：「我能理解……」

「是的……」

「哦……」

⑵對顧客所關心之事表示理解

例如：「我能理解……」

「我明白這對你來說非常重要……」

「我明白您為什麼這麼失望……」

我們在聆聽顧客談話時要帶著理解去聽，如果顧客表示不

滿、生氣，我們就要這樣問自己：

「他的怒氣是從那裏來的？」

「要是這怒氣是合情合理的，我該怎麼做呢？」我們如果把這些問題想通了，就會想著去給顧客一些撫慰，並真心地爲他們提供幫助了。

3. 第三步是告知

告知，即指告訴顧客我們將會採取措施，給顧客吃了一顆定心丸，讓他們明白我們非常清楚他（她）的需求。

二、與顧客溝通服務的表達藝術

關於人們如何從他人獲得印象的研究，表明：

· 55%的印象來自對方的身體語言，即能被顧客接收到的姿勢、眼神，表情印象；

· 38%的印象來自對方說話的語氣和語調；

· 7%的印象來自對方的口頭語言，即我們的遣詞用字。

由上述資料可以看出，在交流中，顧客從我們的身體語言裏解讀的印象最多。因此，在與顧客溝通時，我們需要對身體語言有意識地加以控制，選用恰當的詞語，搭配符合當場的語氣與對方溝通。

1. 第一步是身體語言

⑴調整姿勢

· 端正坐姿或者站立的方式，以良好的精神狀態去面對顧客；

· 面向顧客，表現出我們對顧客的尊重，並讓顧客感覺到我們願意與之坦誠交流；

· 身體微微前傾，表現出我們對顧客所說的話很感興趣；

· 聆聽中不時點頭，以表示出我們對顧客說話內容的關注或贊同。

⑵眼神接觸

- 目光接觸，以令顧客感受到我們的自信，同時也表示我們正在饒有興趣、聚精會神地聽他說話。如果目光遊移而散漫，會令顧客覺得我們漫不經心；
- 恰當的時候可稍稍移開目光，以緩和氣氛，有時緊盯著顧客會令其反感，甚至惱火。

⑶表情配合

- 任何時候都要面帶微笑，讓顧客感覺到我們的友善；
- 表情中流露出對顧客的理解。如果顧客感覺到我們的善解人意，他會更加願意向我們傾訴；
- 保持輕鬆自然的表情，切莫將壓力表現在臉上，以免使顧客受到我們情緒的影響，緊張的氣氛會使溝通無法繼續下去。

2.第二步是語氣語調

　　店員在接待顧客以及與顧客溝通時的語氣語調要柔和，富於變化。

　　無論何時，與顧客說話時都要保持語調清晰，聲音柔和，柔和的聲音會令顧客感到舒適。還應根據談話的內容，採取抑揚頓挫的語調，這種富有感情色彩變化的語調能幫助我們與顧客產生默契。此外，我們還應注意以下幾點：

- 如果我們想對顧客的遭遇表示理解，可以使用較為緩慢和低沈的語調，來配合談話的內容；
- 適當地提高語調來表示我們對顧客的關注；
- 使用溫和的語氣來澄清顧客的要求；
- 當我們感到對方咄咄逼人時，可以儘量調整自己的呼吸，放鬆聲帶，用平和的語調來緩和氣氛，控制音量；
- 使用大小適中並適合環境的音量，來與顧客交談，讓顧客能清楚地聽見我們說話；

- 如果顧客很生氣，並大聲地講話時，千萬不要以同樣的音量作出回應。相反，我們講話的聲音要比顧客低，並逐漸讓顧客把音量降下來；
- 對一位困惑而又拿不定主意的顧客，我們跟他說話的聲音要比平常稍大一點，這樣做有助於顧客重視我們所講的話，也有助於我們在顧客的對話中起主導作用。

3. 第三步是口頭語言

⑴ 正確地遣詞用字

- 與顧客談話時，應使用通俗易懂、簡單明瞭的字句，恰如其分地表達自己的意思，避免產生誤會；
- 慎用專業術語，以免拉大與顧客之間的距離。

⑵ 避開顧客不愛聽的話

- 根據場合及顧客的心理接受程度來斟酌用語，避開一些忌諱、不禮貌的話語，避免傷害顧客的自尊；
- 無論何時，都要避免說一些容易引起顧客反感的話。例如，如果我們送貨遲到了，就不能說：「現在的交通真糟糕，堵了這麼久……」這樣說會令顧客覺得我們想掩蓋問題或是推卸責任。我們應該這樣說：「對不起，我沒預計到交通堵塞，來遲了，真不好意思。」

⑶ 巧妙說「不」

顧客最不喜歡聽到「不」這個字。但是，雖然顧客不愛聽「不」，有些時候我們卻不得不說。

例如：當我們對顧客的所問不知該如何作答時，就應該說「不」，因爲我們不能不懂裝懂；當顧客和我們殺價時，也要說「不」。那麼，如何做到在說了「不」之後，仍能取得顧客的理解呢？這就需要掌握對顧客說「不」的藝術。

巧妙說「不」的關鍵，在於既說了「不」，又避免了令人難堪、甚至傷感情的直接拒絕。我們可以盡可能地從正面提出更多

供選擇的建議，從而避免形成對立情緒。

- 在說「不」之前，要問自己這樣一個問題：「這個顧客需要什麼，我怎麼才能盡最大努力幫助他？」
- 說完「不」後，接著要說：「我要做的是……」，「我可以做的……」這句話告訴顧客，我們會儘量想其他辦法來彌補，這樣或許不能完全符合顧客的心願，但有助於減少顧客的沮喪與失望。

店員在服務交談過程中應該避免使用一些令顧客為難、甚至不悅的表達方式。下表中，列出了顧客不喜歡聽的一些說法：

表 3-8-1　顧客不喜歡聽的説法

顧客不喜歡聽	顧客喜歡聽
1.「唉，不行，我也沒辦法。」	1.「我想想辦法，看看能怎樣幫您……」
2.「我不知道，您自己去找公司吧！」	2.「我可以就這個問題幫您諮詢一下公司人員，兩天內給您回覆，您看如何？」
3.「那不是我的錯。」	3.「我們一起看看問題出在那裏吧。」
4.「等一等，我正忙著呢。」	4.「請稍候，先看看產品說明好嗎？」
5.「冷靜點，別激動！」	5.「我能理解您的心情。真抱歉，給您添麻煩了。」
6.「很抱歉，你用的產品不是我賣的，你最好還是去找賣給你產品的人吧。」	6.「看看有什麼可以幫到您？」
7.「這個事情很難辦」	7.「對不起，您看這樣……如何？」
8.「唉，這款產品的使用技巧我上次都已經講過了。」	8.「我應該講得更清楚才好。這款產品的使用技巧是……」
9.「你自己先試試就知道啦。」	9.「您在使用產品的過程中還會有一些心得。如果有什麼問題請隨時與我聯繫。」

第九節　迎賓與送客的禮儀

1.迎賓的規範

迎賓語言規範的形成，是人們在賣場銷售過程中，反覆實踐形成的，並通過某種風俗、習慣和傳統的行為方式固定下來。

真正的標準迎賓語只有一句話，最多兩句話——問候、歡迎。下面是某服裝專賣店的迎賓範式。

等候顧客：面帶微笑、雙手放前，身體挺直，不可倚靠門框、貨架或銀台；表情自然，面帶微笑，或者表情溫和，雙手交叉自然放於身前。

要點：創造動態店面（賣場）要從店員的明朗表情和「快樂工作的樣子」體現出來。店員要用輕盈的步履、敏捷的動作、愉快的心情投入工作，營造親和的氣氛。

迎賓語：有禮貌地迎賓須使用標準迎賓語，聲音柔和、音量適中——「早上好！歡迎光臨雲裳服飾店！」

和藹、親切的笑容，並有目光接觸，保持適當的姿勢；若有門，則主動幫顧客拉門、點頭示意；觀察顧客、考慮適合顧客的產品；準備開展下一步的工作。如手頭有其他工作，應放下手頭的工作，先迎接顧客。

一句迎賓語有兩個關鍵點：一是對商場、經營品牌形象的傳播，在「歡迎光臨」後面務必加上店名或經營品牌名稱。如「您好！歡迎光臨百佳超市。」二是用態勢語言表達更豐富的內容。

迎賓時，常見的不規範說法有：顧客還沒有進入我們的店面裏來，我們的店員就說「您好，歡迎光臨」，「您好，您買點什麼？」或者「請隨便看看，沒關係。」接待太熱情也會趕走顧客。顧客

還沒有想進門或者剛進門的時候，聽到這樣的話，就會無意識地產生一種被拉進來的感覺。所以說很多顧客為了避免這種感覺他會快速離開。有的顧客甚至會想：你賣東西自然是要給人看的，我不買，就看看。難道你還能把我強留在這裏不成？

2.送客的規範

(1)答謝語

例句：謝謝您的好意！謝謝您的合作！謝謝您的鼓勵！謝謝您的誇獎！謝謝您的幫助！謝謝您的提醒！

客人表揚、幫忙或者提意見的時候，都要使用答謝語。

購物的顧客有時會提出一些貨品和服務方面的意見，有的意見不一定提得對，這時有的店員就喜歡去爭辯，這是不對的。正確的做法是，不管他提得對不對，我們都要向顧客表示：「好的，謝謝您的好意！」或者「謝謝您的提醒！」有時顧客高興了，誇獎店員幾句，店員也不能心安理得，或無動於衷，而應該馬上用答謝語給予回報。

(2)告別語

告別通用的標準語是：感謝您光臨×××超市(店鋪等)。

例句：先生，再見！希望再次見到您！先生您走好！

要使道別的語言，給客人留下美好的回憶。若銷售失敗，我們也要自找台階，自留後路，比如說：「歡迎您下次惠顧！」這樣給自己再次推銷留下後路。對於已無法挽回的死局，也不能輕易放棄。若是因為說服顧客的方式不佳造成的，則可以向顧客說：「對不起，佔用了您的寶貴時間，我沒能把產品的優點完全表達出來。如果您有機會，相信您會進一步瞭解我們的產品的。」一個有技巧的告別方式，正是下一次銷售機遇的開始。

🔊))) 第十節　接待顧客的語言

運用標準販賣話術，可以迅速切入銷售重點，拉近與顧客的距離，完成銷售行爲。

1.基本規範用語

接待顧客時的基本規範用語，並不是什麼特別的語言，而是一些簡短的待客用語。

⑴「歡迎光臨、歡迎再次光臨」

在打招呼的同時，必須注意語調應因人而異，如果接待年紀較大的顧客，語調應略爲低沉、穩重；接待年紀較輕的顧客，語調應以輕快活潑爲宜。在店門口迎候顧客的店員要對來客鞠躬行禮 45 度，並說「您好，歡迎光臨」；站在店內的店員要以禮貌、友善、親切的心態竭誠爲顧客服務，對距離 2 米的來客，都應主動點頭，並說「您好」。請記住：微笑可以傳達誠意。

此外，跟顧客打招呼的時機也是很重要的，日常消費品商店應是在顧客一進入店裏的時候；開放式商店應是在和顧客視線交接的時候；超市應是在顧客把商品帶到櫃台結賬的時候。至於「歡迎再次光臨」這句話，是要用在顧客即將離開賣場時，店員表示感謝與再次歡迎的語言。

⑵「好的」

這是店員被顧客呼喚時回答的用語。譬如顧客說「請拿這個給我看一下」，店員應面對著顧客，回答顧客「好的」或是「請您稍等一下」之後，再出示商品。

⑶「請您稍等」

不管顧客等待的時間長短，只要發生讓顧客等待的情況就要

說「請您稍等」，在說這句話之前店員可以簡短地闡述讓顧客等候的理由，例如：「我馬上去庫房查一下有沒有 8 碼半的鞋，請您稍等一下」。就這樣，顧客不僅明白為何要等一下，即使等待的時間稍長一些也不會覺得煩躁不安了。

⑷「讓您久等了」

找到商品後，拿給顧客看的時候要說「讓您久等了」或「很抱歉，讓您久等了」。這句話也可以用在店員包裝好商品交給顧客的時候。

⑸「對不起」

這是對顧客的要求無法做到時對其表示歉意的言語。例如：「真對不起，這種商品剛好賣完，不過，請留下您的姓名和電話，一到貨，我馬上通知您，好嗎？」及時而又坦誠地「對不起」，能夠在很多時候將問題順利解決。

⑹「謝謝您」

這句話可以在接待顧客過程中的任何時候使用，即使對同一顧客使用多次也不用嫌多。此外，當顧客購買完商品要離去時，店員也應該以一種感激的心情向顧客說一聲「謝謝您的惠顧」，送別顧客。

2.語言表達的藝術

語言，是人們思想交流的工具。言為心聲，語為人鏡。店員每天要接待數以百計的顧客，主要是靠語言這種工具與顧客溝通和交流，店員的語言是否熱情、禮貌、得體，直接影響著自身和商店的形象。

如果只是機械地使用禮貌用語而不帶有任何誠意，只會起到相反的作用，影響顧客對商品和服務的滿意程度。因此，店員在接待顧客時，必須要講究語言藝術，提高使用接待用語的技巧。

⑴態度要好

態度是指說話時的動作和神情。在銷售服務中，有些店員受

到了顧客的表揚，有些則受到顧客的指責和批評，這是在服務中常發生的事情，主要是由店員的態度和表現引起的。

例如：顧客進店，儘管店員是主動地向顧客打了招呼「歡迎光臨」，但是，不僅斜眼看著顧客，還面無表情一點笑容也沒有；或者對買了東西之後的顧客說：「謝謝，歡迎再來」，就粗魯地推出商品，身體轉向另一側，一點也沒有感謝的意思。

這些生硬、冷淡的語氣和態度會帶給顧客非常不愉快的感受。如果店員在打招呼時，輔之快步向前，點頭示意、笑臉相迎，那麼給顧客的印象就不同了。所以，主動、熱情、耐心、週到的服務態度，不僅要由口頭語言來表達，還要與其動作、神態互相配合地表現出來，才能達到語言、動作、神態三者的和諧統一，以取得服務態度最佳的效果。

態度也不能好得過分，以過於華麗的言詞對待顧客，不僅不能夠打動顧客的心，還會使顧客對這個店員產生一種「敬而遠之」的情緒。

⑵要突出重點和要點

銷售用語的重點在於推薦和說明，而其他僅僅是鋪墊。因此，店員在接待顧客時，必須抓住重點，突出要點，說話要精練、簡短，以引起顧客的注意和興趣。

如「有 7 號電池嗎？」「有。」「是永備的嗎？」「是」；或者「有 10#口紅嗎？」「請問，您要的是台灣原產的，還是進口貨呢？」「台灣原產的」「有，剛剛到貨」。就這樣，簡單、短暫的一段對話可以用最少的詞語表達出最大的信息量。店員在銷售服務過程中應力求避免囉嗦。三番五次的重覆介紹，只會導致自身精力的過度消耗和嗓音嘶啞。

⑶表達要恰當，語氣要委婉

恰當就是說話要準確、貼切。

如某位顧客買一條圍巾，店員問：「男的，女的？」像這樣

的用詞就不是很準確貼切。當然，表達是否恰當不僅體現在接待中的回答上，還貫穿在整個接待過程的交談當中，對一些特殊的顧客，要把顧客忌諱的話說得中聽一些，讓顧客覺得店員是尊重和理解他的。如面對一位胖顧客不要說：「您長得太胖，沒有這個型號」，可換成「身材較豐滿」、「很壯實」、「很有福態」；說顧客很瘦，不如說「苗條」；對皮膚較黑的顧客不要說「你的皮膚這麼黑……」，應該說「您的膚色較暗」；對想買低檔品的顧客，不要說「這個便宜」，而要說「這個價錢比較適中」。另外，在接待顧客時絕對不能涉及顧客的某些生理缺陷，如果實在避免不了，一定要考慮好措辭。

此外，在說明某些商品時，應儘量選擇簡單、易懂的詞語來進行說明。例如：「這個熱水瓶能裝多少水？」如果回答「可以裝××公升」可能對方一時間對這個單位沒有概念，應該說「可以裝××公升，相當於××瓶牛奶的份量」。

⑷**語調要柔和**

店員與顧客交談的語氣和聲調是很重要的，語調柔和與否是通過聲音的高低、強弱和快慢來實現的。

同樣一句話，由於語氣、聲調的表達方式不同，效果則會大不一樣。比如一聲「好」字，如果語氣拉長，聲調提高，就會具有相反的作用；接待較忙碌時用高聲而短促地說「等一下」，顧客即會產生反感，嫌店員態度生硬、不耐煩。如果說得輕柔些，就會使人產生舒服的感覺，若是加上「請您稍等一下」，就會顯得很有禮貌。語言中的重音，是一種微妙的表達技巧。

⑸**要通俗易懂**

首先，要說普通話。尤其對於流動人口多的大、中城市的店員來講，更要做到「說標準的普通話」。

其次，要能聽懂，甚至會講一些地區的方言。因為有些異地顧客的方言非常濃重，可能會一時聽不清這位顧客在說什麼，對

待這種顧客，店員一定要有耐心才行。不僅如此，掌握一些外語對於店員來說也是必備的。

最後，在與顧客交談時，千萬不要使用商業專用術語或商品的專業代碼，如說「聚苯乙烯拖鞋」不如說「塑膠拖鞋」能使顧客更好地理解。

⑹要配合氣氛

在上班時間不顧週圍氣氛，總是旁若無人地找同事閒聊天的店員不乏其人，有些是近距離地小聲嘀咕，有些是只要在方圓 3 米內活動的人都能聽到的笑罵，再配合上那一雙雙靈活而令人生畏的眼睛，使得很多顧客不敢上前去自找麻煩，從而導致大部份顧客的流失。

而有些店員在顧客面前使用了禮貌用語，可是當顧客剛一轉身，她馬上就找同事閒聊天或是議論顧客，且言語粗俗，顧客聽到了不僅會感到不愉快，而且最初對這位店員的好印象也會蕩然無存，進而對這家商店產生懷疑，失去信心。因此，在工作中禁止閒聊是店員必須遵守的，而同事之間的言談也應注意使用禮貌用語。

⑺不誇大其辭

不著邊際地吹噓誇大，可能暫時會推銷出商品，但並非永久的良策。顧客吃虧上當只能是一次，其後絕不會重蹈舊轍，最終受損失的還是商店。所以，誠實客觀地介紹、推薦商品，才是長久的良策。

⑻要留有餘地

在銷售服務過程中，店員應該在實事求是、真誠中肯的基礎上，做到語言委婉，話不說絕。應運用留有餘地的、好聽且含蓄的、使顧客能得到安慰的語言。如某一商品缺貨或剛剛賣完，店員不能對顧客說：「沒有貨了」、「賣完了」、「不知道」等毫無伸縮餘地的絕對性回答，應該告訴顧客何時才會有貨，或者把顧客的

電話和需求的貨號記下,以便來貨時及時通知,如:「實在對不起,牙膏剛好賣完了,不過我們已經去進貨了,能不能請您明天早上再買?」如確實無貨供應,也應替顧客著想,熱情的介紹某種類似品供顧客選擇,或者,提供給他可能購買到所需商品的去處。如「真不巧,您需要的這種商品賣完了。如果您急需的話,我建議您到xx商店去看看,那裏可能有您需要的品種。」這樣不計得失的熱情建議很容易獲得顧客的信任。即使顧客一時買不到稱心的商品,也會在店員的關切下得到心理上的安慰,從而對這個店員、這家商店產生好感。

⑼**要有問必答**

營業過程中顧客向店員詢問是常有的事情,可能會提出商品交易上的問題,也可能提出各種與商品無關的問題,如問路、乘車路線、遊覽等一些生活上的事情。那麼作為一名優秀的店員要明白:顧客向我們提問,是相信我們,我們為其服務,理應以誠相待,做到有問必答,儘量滿足顧客的需求。基於此,店員不僅要鑽研本職工作的各方面知識,還要熟悉當地有關方面的情況,如交通、旅店、景點、運輸及重要的大中型場所地址。當然,店員不是「百科全書」,對於回答不上來的問題,要向顧客表示歉意,絕不能採取冷淡的態度。

3.無聲的語言

無聲的語言又稱為體態語言,就是通過人體各部位的變化而表現出來的各種表情、姿態所傳遞的資訊。主要通過眼神、手勢、表情和姿態等無聲的暗示來表達。

體態語言雖然是示意性的、無聲的,但它卻是輔助店員體現一定內容的重要形式。經常使用的一種體態語言就是眼神和手勢。店員說話時配合適當的體態語言,以加強或補充銷售語言中凝聚的情感和商品資訊,不僅能夠把話說得更加有聲有色,而且也能夠吸引顧客的注意力,讓顧客通過視覺的幫助來獲得深刻的

印象，從而使銷售在一種和諧的氣氛中順利完成。

第十一節　店員待客忌語

一、待客説話「十大忌」

店員是靠嘴巴吃飯的，所以，一名出色的店員一定有出色的口才。所謂「買賣不成話不到，話語一到賣三俏」，所有業績都是靠嘴巴締造的，三寸不爛之舌，是店員的「鐵飯碗」。然而，也有店員因爲說話不高明而失去一個顧客；或因爲言語不當而錯過一個好機會；甚至因爲口不擇言而惹來一身麻煩。

1.永遠不要對顧客説「沒有」

不說沒有，不是教你無中生有，而是要換個角度來說，並以肯定性的詞語來表述「沒有」。

如顧客問：「有××商品嗎？」否定的回答就是「沒有」。

當顧客喜歡的產品(款式、型號)賣完了，一些店員就會直接對顧客說「這種沒有了」。這樣說其實是錯誤的，正確的說法是「現在只有這種(相似的)商品了！」這樣說顧客不會有被拒絕的感覺，而且顧客容易產生「那就拿這種商品讓我看看吧」的念頭。

如顧客問：「有低脂麥片嗎？」店員不能回答說：「沒有，我們沒賣這種麥片。」而要說：「我們現在只有××的高鈣低糖麥片。」

2.避免命令式，多用請求式。

在與顧客交談時，微笑要再展露一點，態度要和藹一點，說話要輕聲一點，語氣要柔和一點，要採取徵詢、協商或者請教的口氣與顧客交流，切不可採取命令和批評的口吻與人交談。

人貴有自知自明，要清楚地明白你在顧客心裏的地位，你需

要永遠記住一條，那就是——你不是顧客的上級，你無權對顧客比手畫腳或下指示。

命令式的語句是說者單方面的意思，沒有徵求別人的意見，就強迫別人照著做；而請求式的語句，則是以尊重對方的態度，請求別人去做。

請求式語句可分成三種說法：

肯定句：「請您稍微等一等。」

疑問句：「稍微等一下可以嗎？」

否定疑問句：「馬上就好了，您不等一下嗎？」

一般說來，疑問句比肯定句更能打動人心，尤其是否定疑問句，更能體現出店員對顧客的尊重。

3. 忌術語過多

店員比較瞭解和熟悉自己公司的產品，但正是他們對產品的瞭解使得他們在為顧客做介紹的時候往往會犯一個錯誤，這就是：認為顧客和自己一樣對專業術語（名詞）比較清楚。例如：「養鮮魔板」是某公司的一項技術，可以實現快速解凍和冷凍，使食物得以長久地保持新鮮。一些店員在給顧客介紹的時候喜歡說：這款冰箱配有養鮮魔板。事實上，店員自己覺得很清楚，但是顧客卻是很陌生的，他並不知道那是個什麼東西，感覺十分模糊，很多人甚至並沒有聽清楚你說的是那幾個字。他常常會追問：什麼？所以店員在給顧客做介紹的時候，要用顧客很容易聽懂的話來說，要用生活中的語言來說，要把抽象的名詞用具體的功能來解釋，要告訴他可以得到的實實在在的好處是什麼。

4. 說話不要太「直白」

店員要掌握與人溝通的藝術，顧客成千上萬、千差萬別，有各個階層、各個方面的群體，他們的知識和見解上都不盡相同。我們在與顧客溝通時，如果發現他在認識上有不妥的地方，也不要直截了當地指出，一般的人最忌諱在眾人面前丟臉、難堪，俗

語道:「打人不打臉,揭人不揭短」,要忌諱直白。

5. 說話態度不能太生硬

店員在與顧客說話時,聲音要宏亮、語言要優美,要抑揚頓挫、節奏鮮明;語音有厚有薄,語速有快有慢,語調有高有低,語氣有重有輕;要有聲有色,有張有弛,聲情並茂,生動活潑。

切忌說話沒有高低、快慢之分,沒有節奏與停頓,生硬呆板,沒有朝氣與活力。

與顧客談話,態度一定要熱情,語言一定要真誠,言談舉止都要流露出真情實感,要熱情奔放、情真意切、話貴情真。

6. 不要虛誇產品

對於這種不實的言語行為,客戶在日後的使用產品過程當中,一定能夠清楚地明白你所說的話是真還是假。不要因為要達到一時的銷售業績,你就誇大了產品的功能與價值,這樣勢必就會埋下一顆「定時炸彈」,如果糾紛一旦產生,後果將會不堪設想。

不論那一種產品,都有優點和不足,作為店員應該理性地站在客觀的角度,清晰地同客戶分析各類產品的優勢,從而幫助客戶「貨比三家」,只有知己知彼、熟知市場狀況,才能夠讓客戶心服口服地接受你的產品。應提醒每位店員,任何欺騙與誇大其辭的謊言都是銷售的大敵,它會阻礙你的事業發展。

7. 不要用攻擊性的話語

我們經常能夠看到這樣的場面,同一行業裏的店員帶著攻擊性色彩的話語,攻擊競爭對手,甚至有一些人把對方說得一錢不值,致使整個行業形象在人心目中很不理想。我們很多店員在說出這些攻擊性話題時,缺乏理性思考,卻不知,不管是對人、對事與對物的攻擊詞句,都會造成準客戶的情緒上的反感,原因是在你說的時候是站在自己角度看問題,並不見得每個人都是同你站在同一個角度,一旦你表現得太過於主觀,就會讓他人反感,對於你的銷售只能是有百害而無一益。

8.少用否定句，多用肯定句

肯定句與否定句意義恰好相反，不能隨便亂用，但如果運用得巧妙，肯定句可以代替否定句，而且效果更好。例如，顧客問：「這款有其他顏色的嗎？」店員回答：「沒有」，這就是否定句，顧客聽了這話，一定會說：「那就不買了」，於是轉身離去。如果店員換個方式回答，顧客可能就會有不同的反應。比如店員回答：「真抱歉，這款目前只有黑色的，不過，我覺得高檔產品的顏色都比較深沉，與您的氣質，身份，使用環境也相符，您不妨試一試。」這種肯定的回答會使顧客對其他商品產生興趣。

9.廻避不雅之言

每個人都希望與有涵養有品位的人在一起共事，沒有人願意與那些「粗口成章」的人交往。同樣，在我們的銷售中，不雅之言對我們銷售產品，必將帶來負面影響。

二、清除不良用語習慣和負面語

1.不要用的口頭禪

不良用語習慣中，表現最突出的可能是口頭禪。在銷售過程當中，店員很擔心顧客聽不懂自己所說的一切，而接連不斷地質疑對方，「你懂嗎？」「你知道嗎？」「你明白我的意思嗎？」「這麼簡單的問題，你瞭解嗎？」好像一種長者或者老師的口吻質疑這些讓人反感的話題。眾所週知，從銷售心理學上來說，一直質疑顧客的理解力，顧客就會產生不滿感，這種方式常常讓顧客感覺不到根本性質上的尊重，逆反的心理也會隨之產生，可謂是銷售當中的一大忌。如果你擔心顧客有疑問，你可以用試探的口吻瞭解對方，「有沒有需要我再詳細說明的地方？」也許這樣會比較讓人接受。說不定，顧客真的不明白時，他也會主動地對你說，或是要求你再說明，不需要你三番五次地發問。

不良口頭禪還有「真沒勁」、「煩死了」、「有沒有搞錯」……
日常工作中，這些口頭禪時常灌進我們的耳朵，有的口頭禪表現
的比較主觀、驕傲，相反，有的口頭禪則委婉、謙虛。

2.避免使用的詞語

(1)貶義詞語。貶義詞給人以壓抑、不安的感覺。諸如反對、
異議、批評、疑慮、煩惱、危險、遺憾、責備、欠缺、困難、討
厭、妒忌、懷疑、吝嗇、鄙視、反悔、害怕、為難、猶豫、慌張、
心虛、掃興、惆悵、憂愁、悲傷等詞語，應儘量少用或不用，改
用褒義詞。如「不麻煩」可改為「很方便」。

(2)否定詞語。否定詞語容易造成對立，招來反對，干擾信任
氣氛的形成。諸如：不、沒、非、無、不用、不必、不行、不可、
不好、不許、不是、不見得、不值得、沒法子等否定詞，及「你
不要(不想、不準備、不願意)……嗎」等句式，都會產生不良心
理效果。這類否定詞語不可多用，應改為肯定詞語，如「不能」
改為「應該」。

(3)刺激詞語。這類詞聽起來很不舒服、容易使人反感，說的
人不介意，聽的人卻會耿耿於懷，如「你別講了」、「我插一句」、
「你錯了」、「我就料到是……」、「根本不對」。如果改「你錯了」
為「我認為」，改「我就料到是」為「你說得正是」，效果一定會
大大改觀。

(4)曖昧詞語。有的店員常對顧客說：「我好像認為」、「你是否
可能」、「或許、大概」、「老實說吧」、「說不定……恐怕……」。這
類詞語使人產生猜疑，而猜疑正是說服工作的大忌。

(5)誇張不實之詞。包括「就是行」、「無限好」、「絕了」、「絕
無僅有」、「了不起」、「特等」、「超級」、「完美無缺」、「呱呱叫」
等。這類詞語在推銷中運用得多了，就會失去原有的比較級、最
高級的程度差異，顧客也就習以為常、充耳不聞了。

(6)哼哈詞語。哼哼哈哈，使人覺得店員胸無成竹、語無倫次、

嚇嚇嗦嗦，缺乏自信。使顧客產生疑心以及厭煩和蔑視情緒，如：
「嗯、嗯……」、「這個、這個……」、「啊，我們……啊」等。

第十二節　店員的推銷技巧用語

　　店員在接待客戶時，必須注意到所使用的語言，用詞要恰
當，語調要親切，才能令顧客喜歡，營造良好的商業成交環境。

一、接近顧客的招呼用語

　　招呼聲也叫迎客聲，是店員剛看到顧客的第一招待聲。顧客
臨櫃，店員應抓住接觸的最佳時機，主動迎上去打招呼，說好第
一句話，要親切自然，落落大方。

　　打招呼的用語一定要恰當，對顧客可以統稱「您」，也可針
對不同顧客的年齡、性別使用各種尊稱用語，如對老年人稱：「老
先生」，對中青年稱「小姐」、「先生」、「太太」，對兒童可稱「小
朋友」、「小同學」等。

　　打招呼用語為：
- 早上好！
- 您好！
- 小姐你好！
- 先生你好！
- 歡迎光臨！
- 請參觀！

　　打招呼時的時機和方式也要恰當，如當顧客進店後，目光集
中，他腳步較快，直奔櫃台，店員應立即接待，主動打招呼：

- 您好！您要看什麼？
- 先生，您需要什麼？我拿給你看。
- 歡迎光臨，請隨意參觀選購。
- 這裏賣××（商品）您要看看嗎？

當顧客長時間凝視某一商品時，店員可過去，說：

- 小姐，你想看看××（她所凝視的商品）嗎？我拿給你。
- 小姐，××（她所凝視的商品）是新產品，我拿給你仔細看。
- 先生，這是名牌商品，你試一試吧，不買沒關係。
- 您試一試吧，或許會合您的心意。

當顧客細摸細看或對比摸看某一種商品時，店員自然地湊過去，說：

- 先生，這商品的性能、特點、質地是……
- 先生，您想買××嗎？我幫您選，好嗎？
- 小姐，這種商品是新上市的產品，很受歡迎。
- 打開看看吧，不行我再幫您換。
- 這是無氟電冰箱，無公害，無污染。

當顧客和店員的目光相接觸時，店員應立即點頭，微笑著打招呼：

- 您好！歡迎光臨！
- 小姐，歡迎隨便參觀選購。
- 這是剛到的商品，您看看吧，不買也沒關係。
- 我們這裏經營××（商品）您要看看嗎？我拿給您。
- 小姐，有什麼事我能幫您嗎？

當顧客突然停住腳步仔細觀察商品的時候，店員應從顧客所觀察的商品入手，帶誘導的說：

- 小姐，這種產品結構簡單，使用很方便。
- 先生，這種玩具新穎別致，兒童節快到了，買一個給您

的兒子，他一定會很開心的。

• 先生，這是某地的新產品，它的優點是……

• 除了這種顏色，我們這還有其他顏色，您要看看嗎？

二、介紹商品的語言

向顧客介紹商品時，店員態度要熱情、誠懇、實事求是地將商品的性能、特點、使用方法等介紹給顧客，扮演顧客的參謀。

當顧客詢問有關商品情況時，要注意觀察，有的顧客重視商品質量，有的顧客關心商品價格，有的強調花色，有的人挑選商品時抓不住要領，因此，店員要根據與顧客的對話體會到他對商品的關心點，針對顧客的購買心理特點詳盡地介紹商品知識。

1. 當顧客重視商品質量時

• 這款服裝是國內名牌產品，看這款式，絕對新穎，做工也很精細。

• 這種商品是採用新工藝加工而成的，目前很流行。

• 這種商品在質量上絕對沒問題，如果質量上出了問題，可以來換。

• 您放心，我再做一次試驗您看，質量沒問題。

• 這種商品耐低溫不耐高溫，使用時請注意。

2. 當顧客關心商品價格時

• 這種商品價格雖然高了點，但質量很好，很多人都願意買它。

• 我再給您拿價格低一點的看看，好嗎？

• 這種商品式樣有點過時，但質量很好，而且價格很便宜，不影響使用。

• 這種貨雖然價格偏高一些，但美觀實用，很有地方特色，你買一個回去，一定會受歡迎。

- 現在正是促銷期，價格優惠 20%，機會很難得的。
- 這是採用天然植物精煉的××等原料合成，價格貴了點，但效力特強，其他產品是無法比的。

3.當顧客強調花色時

- 這款服裝色彩淡雅，跟您的膚色很相配，您穿很漂亮。
- 您穿上試試，不買沒關係。
- 您仔細看看，不合適的話，我再給您拿別的顏色。
- 您還看看別的商品嗎？需要什麼款式的，我給您拿。
- 別著急，您慢慢挑選吧。
- 我也喜歡這種顏色。
- 這種商品很流行，買回去肯定受歡迎。
- 如果您需要，我可以幫您挑選。

4.當顧客猶豫不決時

- 這種商品有 3 種,您自己比較一下,我看這種很適合您。
- 託您買的那位顧客身高、年齡怎樣，我幫您做個「參謀」好嗎？
- 您如果不放心，可以試穿一下。
- 您先買回去和家人商量商量，不合適時再退換。
- 這種布料有點像毛料，顏色也比較適合您。
- 我看您穿這件很漂亮。

三、答覆詢問的語言

　　店員答覆顧客的詢問，要熱情有禮，認真負責，誠心幫助顧客解決疑難。

1.當顧客詢問商品時

- 對不起，您要買的商品已賣完了，這是相近似的商品，您看是否合適？

- 這種商品暫時缺貨，請您留下姓名及聯繫電話，一有貨馬上通知您，好嗎？
- 這種貨過兩天才有，請您到時來看看。
- 您問的××（商品），請到三樓去買。
- 對不起，目前只有紅色和白色的，但是，這兩種顏色都很好看，你不妨試試。
- 對不起，我們商店不經營這種商品。請到××商店去看看。

2.當顧客要求試穿不允許試用的商品時

- 請原諒，這種衣服顏色淺，容易弄髒，不宜試穿，您可以比一比大小。
- 對不起，這種衣服顏色淺，容易弄髒，不宜試穿，如果您拿不準尺寸，我幫您量一量好嗎？

四、發生櫃台矛盾時的語言

售貨矛盾是客觀存在的，要正確認識和妥善處理，積極化解矛盾。店員要嚴於律己，寬以待人，態度誠懇，語言溫和，不能感情用事。

1.當顧客提出批評意見時

- 謝謝您對我的指導，今後一定改正。
- 剛才的誤會，請您能諒解。
- 我們的服務欠週到，請原諒。
- 實在對不起，剛才我們那位店員態度不好，今後我們對他加強教育幫助，我是××,您有什麼意見對我說好嗎？
- 真是對不起，我一定將您的意見轉告他。
- 由於我們工作上的過失，給您帶來麻煩，請原諒。
- 請您放心，我們一定解決好這件事。

・謝謝您對我們的幫助，我會將您提的意見向主管反映，改進我們的工作。

2.因繁忙而接待不週向顧客致歉

・對不起，讓您久等了。

・請您別著急，我馬上給您拿。

・對不起，今天人多，我一時忙不過來，沒能及時接待您，您需要些什麼？

・對不起，剛才一時忙，沒聽到您叫我，您要買些什麼？

3.因工作失誤向顧客道歉

・對不起，我把發票開錯了，我給您重開。

・對不起，剛才是我工作大意，弄錯了價錢，我這就給您補上。

・對不起，剛才是我沒仔細幫您挑選好，讓您多跑了一趟，我這就給您重挑選。

・對不起，我這就給您換。

・我們的工作還有很多不週之外，請多多指點。

・對不起，耽誤了您的時間，請原諒。

・這件事屬××問題，我們解決不了，我帶你到顧客接待室去反映好嗎？

五、顧客退換商品時的語言

顧客退換商品是經常發生的現象，在接待退換商品的顧客時，要禮貌、熱情，不推脫，不冷落，實事求是地澄清事情的原委，對不能退換的商品，要耐心解釋，說明不能退換的原因。

・好，我幫您換一下，您看換那一個好呢？

・沒關係，我幫您換一下。

・請原諒，按規定這是不能退換的。

- 對不起，這是商品質量問題，我們可以負責退換。
- 對不起，按規定，已出售的商品若不是質量問題，是不能退換的。
- 這件事我們店員解決不了，我請值班經理來幫您解決。
- 對不起，您這種商品已經使用過了，不屬質量問題，不好再賣給其他顧客了，實在不好給您退換。
- 對不起，由於我們的疏忽給您添了麻煩。
- 您這件商品已賣了較長時間，現在已經沒貨了，要到有關部門鑑定一下，如確屬質量問題，包退包換。
- 這雙鞋已超過了保退保換期，按規定，我們只能爲您維修，請原諒。
- 先生，您提出問題很特殊，咱們商量一下好嗎？

六、成交階段的語言

　　店員在成交階段要耐心幫助顧客挑選商品，幫他確立購買信心，贊許顧客的明智選擇，計量包紮好商品，收款後將商品有禮貌地交給顧客。言語要熱情、禮貌。

1.幫助顧客挑選商品時
- 您仔細看，不合適的話我再給您拿。
- 別著急，您慢慢選吧。
- 您想看看這個嗎？需要什麼我給您看。
- 請您稍等，我馬上給您拿。
- 這種商品，本地的與外地的都差不多。
- 我幫您選好嗎？
- 您買回去若不合適，請保存好，只要不污損，可以拿來退換。
- 小姐，你真會買東西！

‧您很會挑選商品，拿回去您的先生（太太）會滿意。

2.計量包紮商品時

‧請等一下，我幫您包紮好。

‧請問您買的這個東西是自己用還是送人的？要不要包紮講究一些？

‧這東西易碎，請您小心拿好，注意不要碰了。

‧您的東西太零碎了，我幫您紮在一起好嗎？

‧這是您的東西，請拿好。

‧請您保存好發票。

3.收款找零時

‧您的貨款是×元。

‧應收您×元，實收×元，找您×元，請點一下。

‧您這是××元錢。

‧您的錢正好。

‧請給×元零錢，謝謝。

‧對不起，因爲您是用信用卡付款，請稍等一會。

‧拿好信用卡和收據。

‧請您到 3 號收款台交款。

七、道別語言

　　商品成交後，店員要有禮貌的向顧客道別，要求語言親切、自然，用語簡潔、恰當，使顧客自始至終地感受到親切服務。

‧這是您的東西，請拿好，多謝！

‧請拿好東西，慢走。

‧請拿好您的東西，再見！

‧歡迎您再次光臨。

‧多謝您的惠顧，請走好。

・您還要買××（商品），請往那邊走。
・您買的東西較多，請注意拿好。
・小朋友，路上小心，注意車輛。
・請慢走，歡迎再次光臨。
・謝謝您對我們的鼓勵。
・再見，歡迎再來！
・多謝惠顧！
・歡迎提出寶貴意見，謝謝。
・我們的工作做的還很不夠，請多提寶貴意見。

🔊))) 第十三節　店員如何使用服務用語

店員操作語言的原則：多用肯定句，不計較顧客態度，有耐心，多忍讓，態度要誠懇等。

一、店員用語的基本原則

店員使用敬語的最大特點是彬彬有禮、熱情而莊重，使用敬語時要注意時間、地點和場合，還要注意語言的甜美、柔和。敬語只是一種語言形式，如果對某位顧客的言行不太滿意，不管自己心理怎麼想，語言表達形式一定要用敬語，使用時還要注意用「您」而不用「你」來稱呼。這是尊重顧客的表現。

在措辭上要有謙恭語和委婉語，應注意語言的生動性。如：顧客提的意見，我們一時難於給予準確的評價時，便可這麼說：「你提的意見值得我們考慮，謝謝您了！」或「您提出的要求是可以理解的，讓我想想辦法，一定盡力而爲。」這裏的「值得考慮」、

「可以理解」都是一種委婉語。

作爲一線的店員，在接待顧客時，語言不能呆板，不要機械地回答問題。通過顧客的服飾、語言、膚色、氣質等辨別顧客的身份；通過顧客面部表情，語調的輕重、快慢、走路姿態、手勢等行爲舉止去領悟顧客的心境。

遇到語氣激動、動作急躁、舉止不安的顧客，要特別注意使用溫柔的語調和委婉的措辭；對待顧客投訴，說話要特別注意謙虛、耐心、有禮、要設身處地替顧客著想，投其所好，投其所愛。店員要善於瞭解顧客的心理，以靈活的語言應對顧客。每一個店員必須用心學會巧說話，在實際服務工作中努力提高自己的語言應變能力，注意培養隨機性和靈活性。

一次，一位優秀的店員在接待一位年近花甲的老太太買牙刷時，老太太買了兩把牙刷，由於店員忙著又去接待另一顧客，老太太道聲謝後就走了。這時店員才想到錢還沒收，店員一看，老太太離櫃台不遠。便略提高聲音，十分親切地說：「您看──」，老太太以爲什麼東西忘在櫃台上了，便走了回來。店員便舉著手裏的包裝紙說：「真對不起，您看我忘記把您的牙刷包好了，讓您這麼拿著，容易落上灰塵，多不衛生呀！」說著，接過老太太的牙刷包好，迅速地開好票，對老太太說：「這牙刷每隻 10 元，共 20元。」「呀，你看看，我還忘記給錢了，真對不起！」「沒什麼，我媽也有您這麼大年紀了，她也什麼都好忘！」

二、店員服務語言要領

關於商品交易的有關問題，應簡單明確，顧客一聽就懂，耐心、仔細地聽取顧客意見，不可自顧自的喋喋不休。聽顧客說話時，應用柔和的眼神注視對方，以示尊敬，不可昂頭仰視、側視、斜視，應讓顧客把話說完，不可打岔插話，切忌當面指責，聽取

和回答顧客抱怨時，不可隨意應允或承諾。避免使用「行語」、「術語」，嚴格禁止說一些不尊重顧客的尖刻語言。如:「不知道」、「不曉得」、「你自己看好了、你到底買不買？」

三、顧客在乎你怎麼說而不是說什麼

同樣的意思用不同的詞語或句式表達，其效果是不同的。在與顧客交流時，無論是口頭還是書面表達，我們都要儘量用肯定語句、褒義詞，少用或不用否定語句、貶義詞，這樣，你所傳遞或表達的將是積極的、正面的、向上的意思，顧客會更容易接受。

表 3-13-1　顧客喜歡的說法

主要意思	與其說	不如說
不行、不能	我們現在不能給您答覆……	我們可以在××(時間)給您答覆…… 您可以在××(時間)之前收到答覆……
不	我不同意……	我瞭解您的感受…… 我同意您對××(事)的看法，不過……
一點也不	那個一點也不切實際	給它一個機會試試看，最後的結果會是什麼？
得	您得做的是……	是否有其他變通辦法…… 您有沒有想過試試……
不過、可是、但是	您說得不錯，不過……	您說得不錯，我這裏有兩點小小的建議，給您作爲參考，也許會有點幫助。
一定	您一定要……	您認爲……如何？ 是否有其他變通辦法？ 您有沒有想過試試……
也許、可能	我也許可以下午兩點前到那裏。	我會在下午兩點前到那裏。
應該可以	我應該可以在禮拜三之前給您這個。	我會在禮拜三中午之前給您。
希望	我希望能……	我預計在××（時間）之前可看到……

一位婦女走進一家鞋店，試穿了一打鞋子，沒有找到一雙是

合腳的。甲店員對她說:「太太,我們沒能有合您意的,是因爲您的一隻腳比另一隻大。」這位婦女走出鞋店,沒有買任何東西。在下一家鞋店裏,這位婦女的試穿也是同樣地困難。最後,笑眯眯的乙店員解釋道:「太太,您知道您的一隻腳比另一隻小嗎?」這位婦女高興地離開了這家鞋店,腋下攜著兩雙新鞋子。

四、與顧客友好相處的語言技巧

1.不計較顧客的態度

來商場消費的顧客帶著各種各樣的心情,店員不能要求每位顧客都有和顏悅色的態度,如果店員不能正確對待這個問題,那難免會出現矛盾。

商場追求的是優質的服務工作。顧客的態度可能不是絕對的正確、和善、友好,而在服務工作中,店員不能計較顧客的態度,要時時保持謙恭有禮,表現出冷靜、耐心,運用語言藝術引導、勸戒和說服,使矛盾化解於萌芽狀態之中。

2.對客人要耐心忍讓

從事商業服務的店員應該記住一點:身爲店員,是爲顧客服務的,因此應具有配角意識,任何服務都是襯托主角,是爲主角服務的。

一顧客對著年輕的店員喊:「喂,買東西!」那位店員沒有反應,顧客有點火了:「喂,聽見了沒有?」這時女店員開腔了:「你喂什麼,懂不懂禮貌? 不懂我教你!」「我不懂禮貌,你懂,有什麼了不起的,不就是賣個東西嗎?」這樣,一場爭吵開始了。

那位顧客說話沒有禮貌,這是事情的起因,顧客對店員不尊重是不對,但是這位店員如果有配角意識、服務意識、有耐心、忍讓的態度,冷靜對待,很好地運用禮貌的語言藝術,事情就不會發生了。

五、回答客戶意見的方式

1. 認真聽取顧客對商品的意見

- 聽取顧客意見時，一定要讓顧客把話說完，不要打斷他的話，要帶著濃厚的興趣去聽。
- **要聽清楚顧客的意見，重要的部份可要求顧客重覆一次。**
- 商場人多，聲音嘈雜，如果沒有聽清顧客說的話，應禮貌地請顧客再重覆一次。
- 店員普遍愛犯的一個錯誤就是急於表態，以證明顧客的看法是錯誤的，這樣很容易激怒顧客，應儘量避免。

2. 在回答顧客問題之前有短暫的停頓

- 在顧客說完之後，店員不要馬上作答，可以適當地放鬆一下，顯示出你沒有被他的問題難住。
- 這個短暫的停頓，正好可以給你一個機會考慮怎樣以更適當的方式來回答顧客。
- 儘管顧客問的是很一般的問題，即使你能夠順口答出來，也不要太匆忙，最好是整理一下頭緒再回答。

3. 要對顧客表現出同情心

對顧客表現出同情心，就意味著你理解他們的心情，並明白了他們的觀點。但是，這並不意味著你完全贊同他們的觀點，而只是瞭解他們考慮問題的方法和對商品的看法。

在這樣的情境下，店員可以這麼說：「我明白您的意思了」、「很多人都是這麼看的」、「我知道您的具體要求」。

店員態度要認真誠懇。不能有看不起顧客的言語、動作或表情出現。

4.反覆説出顧客提出的問題

覆述有三個好處：

· 讓顧客明白你已經瞭解了他的意思。

· 給自己留一點時間思考，如何更好地回答顧客的問題。

· 把顧客表示異議的陳述句變成疑問句。例如，顧客想買一個電磁爐，店員可以這樣回答他：「我知道您是想買一個方便衛生的電磁爐，但又擔心是否耗電，是否安全，是嗎？」

在重提顧客提出的問題時，既要簡潔明瞭，又要抓住重點。

5.回答顧客提出的問題

· 對顧客提出的問題，應全面清楚地回答。

· 在回答時要抓住重點，以解開顧客的疑問爲準。

· 回答完顧客的問題之後，店員應繼續進行商品介紹。

◀))) 第十四節　掌握身體語言的涵義

專家的研究，對人們如何從他處那裏獲取印象的研究顯示：語言傳遞給人的印象只有 7%，而身體語言卻達 55%，因此身體語言是一種無聲的話言，是一種更有效的語言。無怪乎人們常說：「會說的不如會聽的，會聽的不如會看的，會看的不如會幹的，會幹的不如能融會貫通的。」

有經驗的顧客，不需要聽你在說什麼，通過你的身體語言，就能察覺你的內心世界。我們經常會遇到這樣的情況：「不少服務人員穿戴得非常整齊，卻吸引不了顧客的注意」；「說了很多，可就是提不起顧客的興趣」；「臉上堆滿笑容，也得不到顧客的諒解」；「面對重要的顧客，無論如何也克服不了緊張的情緒，雙手

像沒洗乾淨似的使勁地搓，眼睛不知該望何處，也不知爲什麼渾身冒汗」。

　　爲了使顧客滿意，我們應積極地表達自己的身體語言。身體語言包括那些部份呢？可以說是從頭到腳—— 身體的全部。爲了敍述的方便，在此分爲：面部、手勢、身體的姿態與動作三大部份。

一、面部表情

面部表情包括了頭部動作、面部表情、眼神和嘴唇這四部份。

1. 頭部動作

頭部動作包括：

- 身體挺直、頭部端正：表現的是自信、嚴肅、正派、有精神和有風度。
- 頭部向上：表示希望、謙遜、內疚或沈思。
- 頭部向後：表示驚奇、恐懼、退讓或遲疑。
- 頭部向前：表示傾聽、期望或同情、關心。
- 點頭：表示答應、同意、理解和贊許。
- 一擺頭：顯然是表示快走之意。

2. 面部表情

人的容貌是天生的，但表情不是天生的，人的面部表情同其他體態語言一樣，是可以熏陶和改變的，是由人的內在變化、文化修養、氣質特徵所決定的，正所謂相由心生。面部表情傳遞的含義有：

- 臉上泛紅暈：一般是羞澀或激動的表示；
- 臉上發青發白：是生氣憤怒或受了驚嚇異常緊張的表示；
- 皺眉：表示不同意、煩惱、甚至是盛怒；
- 揚眉：表示興奮、莊重等多種情感；

・眉毛閃動：表示歡迎或加強語氣；
・眉毛揚起後短暫停留再降下：表示驚訝或悲傷。

3. 眼神

・眼神正視表示莊重；
・仰視表示思索；
・斜視表示輕蔑。
・俯視表示羞澀。

4. 嘴不出聲也會「說話」

・唇閉攏：表示和諧寧靜、端莊自然；
・嘴唇半開：表示疑問、奇怪、有點驚訝，如果全開就表示驚駭；
・嘴唇向上：表示善意、禮貌、喜悅；
・嘴唇撅著：表示生氣、不滿意；
・嘴唇緊繃：表示憤怒、對抗或決心已定。

由以上五點可見，面部表情能夠傳達多麼複雜而微妙的心理活動。

二、手能傳遞信息

手勢語是通過手和手指活動傳遞信息，是姿態語言的重要表達方式。手勢變化形態多，表達內容豐富，具有極強的表現力和吸引力。

在二次世界大戰期間，英國首相邱吉爾在結束電視演講時，舉起握拳的右手，然後伸出食指和中指構成 V 形，象徵英文「勝利」一詞的開頭字母，結果引起全國歡呼，因為這手勢十分形象地表達了英國人民戰勝法西斯的必勝決心和信念。

手的姿勢一般有如下表示：

・手心向上：坦誠直率，善意禮貌，積極肯定；

- 手心向下：否定、抑制、貶低、反對、輕視；
- 攤手：請對方注意、自己要講話了；
- 招手：打招呼、歡迎您或請進來；
- 推手：對抗、矛盾、抗拒或觀點對立；
- 單手揮動：告別、再會；
- 伸手：想要什麼東西；
- 藏手：不想交出某種東西；
- 拍手：表示歡迎；
- 擺手：不同意，不歡迎或快走；
- 兩手疊加：互相配合、互相依賴、團結一致；
- 兩手分開：分離、失散、消極；
- 緊握拳頭：挑戰、表示決心、提出警告；
- 豎起拇指：稱讚、誇耀；
- 伸出小指；輕視、挖苦；
- 伸出食指：指明方向，訓示或命令；
- 多指並用：列舉事物種類，說明先後次序；
- 雙手揮動：表示呼籲、召喚、感情激昂、聲勢宏大。

人們不但在說話的時候用手的動作來加強語氣、輔助表達，而且在特定的時候會用手勢代替說話，如語言不通、與聾啞人交流等。

三、身體的姿態和動作

身體的姿態和動作所表達的意思同樣是多種多樣，豐富而又複雜的。如：

- 眉毛向上揚、頭一擺：表示難以置信，有些驚疑；
- 用手揉揉鼻子：表示困惑不解，事情難辦；
- 雙手置於雙腿上，掌心向上，手指交叉：表明希望別人理

解，給予支援；

· 用手拍拍前額：以示健忘，如果用力一拍，則是自我譴責、後悔不已的意思；

· 聳聳肩膀，雙手一攤：表示無所謂或無可奈何，沒辦法的意思；

身體語言也包括腳的語言。假如一個參加面試的人，似乎很冷靜地坐著，表情輕鬆，雙手自然下垂，一副泰然自若的樣子，他真的泰然自若嗎？答案就在他的腳上。他的兩隻腳扭在一塊，好象在相互尋求安全感，然後兩腳又分開，輕輕叩擊地面，似乎想逃走，最後，他兩腳交叉、懸空的一隻腳一上一下地拍動，這些便暴露出這位面試者緊張不安的心情，儘管他穩穩地坐著沒動。

所以說，察言觀色或自我表現都不要忽視一雙腳，腳是全身最誠實的「洩密者」，它的小動作會暴露人的隱秘心情。

🔊 第十五節 店員要懂得聆聽

在銷售過程中，聆聽技巧扮演著重要的角色，店員應懂得聆聽的技巧，聽出顧客的需求，促進銷售的成功。

一、聆聽的重要性

小李是個勤勞的化妝品銷售員。每當她看到顧客走進她們的化妝品店的時候，她總是很熱情地迎上去，不辭辛苦地給顧客介紹最新的產品。可是很多時候，即使她講得口乾舌燥，顧客還是離她而去，所以小李每個月的銷售額一直不高。而另外一個不善言詞的同事小華的銷售額卻一直很不錯。

小李不明白，一個不善言辭的小華為什麼能把化妝品賣出去呢？

後來，細心的小李觀察到每當有顧客走進店的時候，小華只是微笑地對顧客說一聲「歡迎光臨」之後，就在顧客不遠的地方靜靜的站著，當看到顧客拿起某種化妝品時她才走過去，溫和地問顧客想買用於那方面（洗臉、補水、護膚等）的化妝品，問顧客的皮膚情況，要什麼功能的……然後用心地聆聽顧客說話。

在整個過程中，小李很少說話，很少跟顧客說那個化妝品怎樣好、怎樣先進，到最後，顧客都開心地買了她介紹的化妝品。

小李在心理上處於這樣一個誤區：認為憑自己對產品的瞭解，在向客戶銷售的過程中，她應該把握主導權，而顧客僅僅是「聽」的角色；而小華卻與小李相反，她深諳聆聽的重要性，所以在銷售過程非常懂得運用提問和用心聆聽的技巧找出顧客的需求，所以她的銷售就取得了成功。

其實在整個銷售過程中，聆聽和詢問是同步進行的，它們在捕捉客戶需求的過程中，具有同樣重要的作用。聆聽可以：

- 有助於你瞭解顧客的現狀。
- 有助於你從顧客那裏獲得重要的資訊。
- 有助於你拉近和顧客之間的關係。
- 有助於你理清自己的思路。

二、要讓顧客知道你在聆聽

有效的聆聽必須要有反饋。為了減少誤會，我們還是要確認我們所瞭解的是否正確。另外，為了表示對顧客的尊重，讓顧客知道我們在認真聆聽，反饋是非常必要的手段。

我們的反饋可以通過語言方式及非語言方式來表達。

所謂語言的方式，即用自己的說法簡潔地講出對方的意思，

讓他知道你瞭解他的意思。你可以這樣做：

1.表示理解顧客的語言

你可以說「嗯嗯」、「我明白」、「我知道」、「是的」，等等。

2.重覆對方的話

不是對方說一句，你就跟著重覆一句。而是在別人說話時，你要聆聽顧客感受最強烈的方面或你不明白的地方，等對方說完了，你把顧客所說話意思用自己的話對客戶重覆一次。

3.把你的理解加入到你的話中

重覆對方的話，不是炫耀你從別人說話中總結出來的結果，而是在把結果以人性化的理解插入重覆的話中。這樣不但讓客戶覺得你真的在聆聽他講話，還使你明確自己的理解是否有誤。

4.提出試探性問題

重覆對方的話時，我們一般是提出一些試探性的問題去弄清獲得的資訊是否真實的。你可以運用以下的句子：

• 我想確認一下，您剛才說的意思是不是……

• 您覺得（認為）……

• 如果我沒理解錯的話，您的意思是……對嗎？

……………………

三、店員聆聽的案例

讓我們來感受一下面對同一個顧客兩個銷售員完全不同的反應。

客戶：「我想要一輛款式不需要太新的、速度也不用太快、實用一點的轎車。」

銷售員 A：您是說您想擁有一輛款式可以不用很新的、速度適中的、性能不錯的、價錢方面要相對實惠的車子嗎？

客戶（高興）：對極了！

銷售員 B：您的意思就是說您想要一輛便宜的轎車啦？

客戶（有點尷尬）：是啊！

　　上面的案例中顧客由於自尊心的原因沒有直接告訴銷售員他想要什麼，如果你接待這樣的顧客，你就要學會根據客戶的言語和表情，聽出感覺。

　　重覆客戶的話，不是簡單的重覆，而是在重覆中加入自己的理解，這樣聽起來才會讓人舒服。

　　如果你僅說出你瞭解的結果的話，其實你根本還沒聽出感覺，還沒有聽出客戶之所以不直接向你訴說的苦衷。所以，作為店員，要重視顧客說的話，懂得如何去聆聽。

四、聆聽的執行重點

　　聽可分為五個層次：忽視地聽——假裝地聽——有選擇地聽——全神貫注地聽——用心去聽。人生下來「兩個耳朵，一張嘴」，就是要人多聽少說。

　　一名優秀的店員，更要善於傾聽，傾聽顧客的需求、需要、渴望和理想；傾聽顧客的異議、抱怨、傾訴和投訴；善於聽出顧客沒有表達出來的意思——沒說出來的需求，秘密需求。

　　唐朝的太平公主是一個悟性極高的女孩。有一天，眼瞎的太平公主到禪院拜佛，她告訴方丈她聽到了鳥叫。

　　方丈問：「你是用什麼聽到的？」

　　太平公主說：「用耳朵。」

　　方丈問：「死人也有耳朵，能聽到嗎？」

　　太平公主說：「活人的耳朵才能聽到。」

　　方丈又問：「你睡覺時，耳朵能聽到嗎？」

　　太平公主回答：「聽不到，那究竟用什麼來聽呢？」

　　方丈說：「用心來聽，當我們的心關閉的時候，我們將什麼

也聽不到。」

從這個故事，我們得出這樣一個結論：聽的最高境界就是用心去聽，所以既要會聽，還要善於去聽。

店員運用「聽」的技巧時，要注意下列重點：

1.耐心

人人都喜歡好聽眾，所以要耐心地聽，作為一名專門與顧客打交道的店員，不要隨便打斷顧客的說話是非常重要的。我們來看下面這個例子：

一個顧客匆匆地來到商場的收銀處，對低著頭忙著整理的收銀員說：「小姐，剛才你弄錯了 50 元……」收銀員猛地撞起頭，滿臉不高興地打斷這位顧客說：「你剛才為什麼不說清楚，銀貨兩清，概不負責。」顧客也沒好聲地說：「那就謝謝你多找給我的 50 元了。」說完揚長而去，收銀員目瞪口呆。

所以，我們要學會耐心地聽，不要打斷顧客說話，除非你也想做這樣的收銀員。

2.關心

- 店員應該帶著真正的興趣聽顧客在說什麼。我們可以這樣想象：顧客的話有如一張藏寶圖，順著它就可找到寶藏。
- 店員應用心去聽、去理解顧客所說的話，而不能左耳進，右耳出，漫不經心。
- 店員在傾聽顧客說話時，要始終保持目光的接觸，注意觀察面部表情、聲調的變化，要學會用眼睛去「聽」。
- 有必要時不妨做筆記，這樣可以幫助你更認真地聽，記住對方的話，同時你的認真態度會給人留下深刻印象。
- 聽的同時還要認真分析，防止盲目性。

3.不要一開始就假設明白他的問題

永遠不要假設你知道顧客要說什麼，因為這樣的話，你會以為你知道他的需求，而不會認真地去聽，結果在顧客說完後，你

還要去問一句:「你的意思是……「我沒理解錯的話,你需要……」等等,以印證你所聽到的。

有一種方法可以讓煩躁的顧客慢慢平靜下來,那就是傾聽。傾聽是緩解衝突的潤滑劑。

現在,我們來做幾個練習。對以下幾句顧客的話,你能聽出話外音是什麼嗎?

- 顧客故意發出一些響聲,如咳嗽、清嗓子、把單據弄得沙沙作響。(話外音:你應該看到我了,或者是輪到我了。)
- 「你說的我不明白。」(話外音:你提供的服務不夠專業。)
- 「我們買不起這種產品。」(話外音:你的價格太貴了,或你能夠降價嗎?)
- 「我以前用過這種產品。」(話外音:這種產品質量不怎麼樣,或者是我對這種產品很熟悉,不需要再介紹了。)
- 「你們的電話不是佔線就是打不通。」(話外音:有更快捷方便的與你聯繫的辦法嗎?)
- 「有別的型號嗎?」(話外音:我不喜歡現有的這種)

五、傾聽是門需要修煉的藝術

要想實現有效的傾聽並不簡單。因此,為了達到良好的溝通效果,店員就必須不斷修煉傾聽的技巧。有效傾聽需注意:

1.集中精力,專心傾聽。這是有效傾聽的基礎,也是實現良好溝通的關鍵。要想做到這一點,店員應該在與顧客溝通之前做好多方面的準備,如身體準備、心理準備、態度準備以及情緒準備等。疲憊的身體、無精打采的神態以及消極的情緒等都可能使傾聽歸於失敗。

2.不隨意打斷顧客談話。隨意打斷顧客談話會打擊顧客說話的熱情和積極性,如果顧客當時的情緒不佳,而你又打斷了他們

的談話，那無疑是火上澆油。所以，當顧客的談話熱情高漲時，店員除了給予必要的、簡單的回應外，最好不要隨意插話或接話，更不要不顧顧客喜好另起話題。例如：

「等等，我們公司的產品絕對比你提到的那種產品好……」

「您說的這個問題我以前也遇到過，只不過我當時……」

3.謹慎反駁顧客觀點。顧客在談話過程中表達的某些觀點可能有失偏頗，也可能不符合你的口味，但你要記住：顧客永遠都是上帝，他們很少願意聽店員直接批評或反駁他們的觀點。如果你對顧客的觀點實在難以做出積極反應，那可以採取提問等方式改變顧客談話的重點，引導顧客談論更能促進銷售的話題。例如：

「您的觀念很新，我特別想知道您認為什麼樣的理財服務才能令您滿意？」

4.瞭解傾聽的禮儀。在傾聽過程中，店員要盡可能地保持一定的禮儀，這樣既顯得自己有涵養、有素質，又表達了你對顧客的尊重。通常在傾聽過程中需要講究的禮儀如下：

· 保持視線接觸，不東張西望。

· 身體前傾，表情自然。

· 耐心聆聽顧客把話講完。

· 真正做到全神貫注。不要只做樣子、心思分散。

· 表示對顧客的意見感興趣。

· 插話時請求顧客允許，使用禮貌用語。

5.及時總結和歸納顧客觀點。這樣做，一方面可以向顧客傳達你一直在認真傾聽的信息，另一方面，也有助於保證你沒有誤解或歪曲顧客的意見，從而使你更有效地找到解決問題的方法。例如：

「如果我沒理解錯的話，您更喜歡弧線形外觀的深色汽車，性能和品質也要一流，對嗎？」

第 *4* 章

店員的工作流程

 第一節　營業前的準備

店員應做好營業前的準備，有備而來，以便工作做到從容不迫，從而提高工作效率。

一、參加晨會

好的開始是成功的一半，應重視一天的開始，以晨會設定目標爲出發點。無論是連鎖店還是大型賣場或超市，每天早晨上班前店員開晨會是非常有意義的事情。店員在晨會要設定三個目標：

1. 提高工作意願

經過一天的輪換，有的店員也許剛剛休完假，在工作上需要有一個銜接、調整的過程，通過晨會可以把店面的士氣提起來。

2. 整頓工作內容

讓營業人員知道當天要做什麼事情，或有什麼促銷活動、注意事項，同樣，使店員有機會通過晨會把工作中將要出現的問題

反映給主管。

3.自我確立目標

這一層次比較高，店面可以有當天的銷售目標，店員也可以確立個人的工作目標。晨會是整個企業的會議管理系統中的一個重要環節。

店員的工作流程，可依順序區分爲「營業前準備」、「營業中的銷售工作」、「營業結束後的工作」三大項。店員在每天營業工作前，要做好準備工作。這樣做有利於及時滿足顧客的需要，提高營業效率，以做好一天的銷售工作。

二、整理好待售商品

1.檢查櫃架上過夜的商品

店員在正式營業前必須對自己所管的櫃台、貨架上的商品進行過目檢查，檢查商品是否有異常和移動，如發現反常現象，應及時向有關部門報告，查明情況。

2.補充商品

櫃台上的商品，經過前一天的銷售，在花色、品種、規格、數量上一般會出現不足或缺檔。店員就必須補充商品。在補充商品時應注意：

(1)補充的數量，要根據銷售的情況，估計當天或第二天的銷售量，再結合本櫃的銷售，儘量補齊商品，如中途發生脫銷，要及時續補。

(2)對於品種相同，規格、價格、產地不同的商品，要盡可能同時上櫃，爲防止發生差錯，應注意區別。

3.做好商品的拆包分裝

要續補的商品從倉庫提出後，有的不能直接上櫃、上架陳列或銷售，必須先進行拆箱、組裝、分裝、挑選等準備工作。這些

工作，應視商品包裝、銷售的方式或陳列的形式而定，歸納起來，可有以下幾種情況。

⑴**開箱、拆捆**

對於各種箱裝、捆裝的百貨、服裝、五金、布匹、副食品等商品要事先開箱、拆捆。開箱時要注意輕開輕拆，避免損壞商品和包裝物。

⑵**配套、組裝**

開箱後，對需要配套、組裝出售的商品，店員應先進行配套、組裝，再上櫃陳列

⑶**分裝、拆零**

對於有些顧客習慣散裝購買的商品，店員應根據銷售規律，於營業前按整數金額計量或整數重量（或容積、長度）包裝成小包出售。這樣做有利於提高售貨速度，滿足顧客需要，擴大銷售量。

⑷**挑選、分等**

有些商品，如特產、水果等，進貨時統一購進，或在進貨途中容易損壞、變質，爲了認真執行價格政策，店員事先要進行挑選、分等、整理才能上櫃。

4.**進行商品的陳列整理**

營業前店員要查看商品陳列是否豐滿、整齊、醒目，要注意補足和整理商品。

經過前一天的營業，有些商品的位置發生移動，應及時使之歸位，以免發生商品串號，導致賣錯價格；檢查商品的包裝是否完整、乾淨，如有污穢，要馬上換新的。經過整理的商品必須整齊乾淨。在陳列商品的時候，要站在顧客的位置上觀看一下商品是否全部看得清楚，是否容易補貨。另外，在商品上櫃前，還應檢查商品是否殘損變質，如有發現變質應立即剔除，按規定進行處理，尤其對鮮活商品等。

5.檢查商品價格

對商品進行標價時，要做一類一簽，對大件物品做到一件一簽。標價時最好用打碼機打碼。店員營業前應檢查商品卡是否在正確的位置上，價格標簽有沒有被商品壓住或擋住。如果商品已經轉移他處，應及時拿走價格牌，以免引起顧客誤會。如果陳列新的商品，要重新打過價格牌，檢查價格牌上的貨號、品名、單價、單位、規格、產地是否正確齊全。如果是特價商品，就要按商店規定的顏色標價。

6.檢查商品質量

在添補貨物時，一定要認真檢查商品有無殘損、變質等情況，避免出售後造成退貨的麻煩。記住，不出售的商品不能陳列。

7.佈置商品的陳列擺佈

總體來說，商品陳列應做到「滿、全、新、齊、美」。在營業前，應根據所確定的商品陳列原則、陳列方法，將因為前一天銷售而弄得凌亂的商品重新擺好，以迎接新一天的銷售活動。

三、檢查準備售貨用具

根據實際工作的需要，店員在營業前準備一些售貨用品，一般包括：

1.計價用具

例如收銀機、計算器、筆紙、發票、複寫紙等，在營業前要根據櫃台的需要備齊，放在適當的地方，以便隨時取用。其中發票要妥善保管，謹防丟失。

2.計量用具

例如尺、量杯等。將有關工具進行校驗後放在固定的地方。

3.包裝用具

剪刀、紙、盒、帶、繩、透明膠、塑膠袋等。其規格、品種、

數量要齊全，食品包裝用品要符合規定。

4. 測試用品

例如電筆、電池、插線板、穿衣鏡等。應根據需要，放在適當的位置。

5. 零錢

店員在營業前按規定的手續，取出前日賬後款，經兩人共同拆封，點數後放入錢箱內，同時準備好零用款，零錢數量適宜。

6. 廣告宣傳材料

檢查有關產品廣告、說明、圖片、模型等。

POP 廣告是階段性、季節性的物品。宣傳時機一過，我們就得及時更換。褪色的、破損的宣傳品更應該及時更換、拆除，否則，這些破舊的 POP 將不是爲你的產品做宣傳，而會趕跑顧客。

POP 的種類有招貼、掛旗、台卡、人型展牌等，種類繁多，會擺放於各個不同的角落，所以我們的維護工作要細緻到櫃台內每一處地方，每一個角落。

四、檢查和清理環境

作爲店員，保持銷售現場的乾淨、整潔是你必要的工作之一。要知道，產品形象的最直接表現就是你的賣場。其實，你只要每天花費很少的時間，就能爲你的現場加分，爲你的產品、爲你的品牌形象加分，同時也爲你的經營業績加分。

如果購物環境昏暗、污穢，會被顧客認爲商店的商品也是髒的，很難吸引顧客進店來購買商品，店員在營業之前，對營業環境進行全面檢查和清理。

這項工作主要包括：用抹布擦拭乾淨櫥窗、貨架、櫃台、玻璃製品等；用撣子撣淨商品上的灰塵；用掃帚、吸塵器清潔地面；將清潔工具放在顧客看不見的地方；檢查營業場所是否走道通

暢,有無妨礙顧客通行的物品;查看照明燈具是否有障礙;裝了燈具的招牌或裝飾品有無損壞或忘記通電等,儘量在正式營業前解決好。保持環境的整潔、優美。

　　店員還必須整理服裝儀容,進行適當化妝,整理好髮型,換上制服,保持良好的風度。

📢)) 第二節　店員營業時的銷售工作

　　店員在銷售過程中的主要職責,是通過銷售商品直接為顧客服務,銷售工作是整個營業工作的中心環節。

　　店員要做好在櫃台的銷售工作,必須注意的工作重點可區分為「營業中銷售工作」與「營業中輔助工作」。

一、營業中的銷售工作

1.商品數量應充足,花色、規格、品種齊全,明碼標價。
2.成交後,要先收款後付款,收找錢票要唱收唱付,迅速準確,交待清楚。
3.包紮商品要牢固、美觀、迅速。
4.大筆交易時,發票、現金、貨物須覆核。櫃台大額票面現金必須放入錢箱內。

二、營業中的輔助工作

　　在每天的營業中,接待顧客的高峰過後,常常會出現一些空閒時間,充分利用空閒,做好營業的輔助工作,是店員在售貨過

程中的必要工作，也是爲下一個接待高峰做準備。對於店員順利
地進行售貨工作，縮短顧客購買商品等待時間，提高服務質量有
重要意義。

1.整理和添加商品

店員在銷售過程中，要注意利用空閒時間進行商品的整理工
作，以防止錯位、串號、賣錯價格而影響銷售。

⑴清潔商品

誰都希望買到乾淨的貨物，貨物在貨架上陳列一段時間後，
包裝上會有一些灰塵，如不進行清理，會直接影響商品銷售。

⑵做好商品的前進陳列

當前面的一排商品出現空缺時，要將後面的商品移到空缺處
去，這樣既顯得貨物陳列豐滿，又符合商品先進先出的原則。

⑶歸位整理

有些商品經顧客挑選後，容易發生錯位、串號現象，店員應
及時按商品型號、類別，進行分類歸位。

⑷折疊和配對整理

需要成雙出售的商品，店員在顧客挑選後，要進行檢查整
理，保持大小一樣、顏色一致、式樣相同，如鞋、襪等。對挑選
性強的針紡織品，店員要在顧客挑選後，要及時折疊、整理、擺
放好。

除整理商品外，店員還要往貨架上定時或不定時地添加商
品，以免由於缺貨而影響銷售。店員添加商品時要做的工作如下：

⑴檢查核對需要補貨的貨架前的價目卡是否與補上去的商
　品售價一致。

⑵補貨時先取下原有商品，然後打掃陳列架，將補充的新商
　品放在裏面，原有的商品放前面，做到商品陳列先進先出。

2.拆包和分裝商品

店員要經常檢查，對已售完或在營業前準備不充分的商品，

應在空閒時間，根據忙閑時的長短對不同類型的商品進行拆包分裝，以保證銷售不斷檔。一般情況下，如果空閒時間短，拆包分裝的品種、數量可少而簡單。對複雜商品的組裝、分裝不宜在營業中進行。

3. 整理貨款和票據

如果櫃台不是安排專人收款，而是實行一手交錢，一手交貨，店員就要利用空閒時間清點貨款，整理鈔票，對殘損破碎的票款，要整理粘貼整齊，根據面額不同將票款整理好，夠整數的要捆紮包好。

4. 檢查商品標價

商品價格標簽要經常檢查。對於發生錯位的應及時歸位，對標錯價格的應及時更正，以免賣錯價格。因爲在銷售過程中，有的商品價格標簽會被亂拿亂放，尤其是品種多，式樣相似，又集中陳列在一起的商品，稍有疏忽，就會發生錯價。有時會將不同規格的相同商品的價格打錯等。所以，店員在營業空餘時間裏，要注意檢查商品的價格。

5. 處理滯銷品

滯銷商品過多，會使整個店面的格調也相應地被迫降下來，這時的店面已像個倉庫，而不是營業場所了。對滯銷商品，必須採取果斷的處理措施，決不能拖延。因爲滯銷品不但不能帶來利潤，而且消耗成本，每天都需要店員照顧、整頓、排列，拖的越久，成本也就越高。

- 與供應商協商。根據實際情況，與供應商協商一下，重新調整這些滯銷商品的價格，或採取促銷行動，直至退貨。
- 改進商品陳列方式。把商品擺在最醒目的位置，或設置專櫃及攤位，吸引顧客的注意，最後成功地把商品銷售出去。

第三節　營業結束後的工作

　　店員在營業後的工作，要對賬務與商品進行總結，並檢討一天的成敗得失。

　　一天的營業工作結束後，店員要做下列工作：

1.結算當天的賬表

⑴清點當日銷貨款並填繳款單

　　實行一手交錢、一手交貨的商店和櫃台，店員將當日貨款點清後，除限額留存備用零鈔外，全部送交商店出納人員或銀行，根據送交數額填寫繳款單，繳款單一般一式兩聯，經出納收訖蓋章後，執回一聯記賬；對實行集中收款的商店和櫃組，店員要將交款憑證彙總計算後和收款員對賬，若金額一致，則填寫繳款單，由收款員簽字蓋章，各留一聯，以記銷賬，若發現差錯，要及時查出。

表 4-3-1　銷貨繳款單

繳款部門　　　　　　　年　月　日　　　　　第　　號

繳款項目	摘　要	金　額
合　計（大寫）		

　　　　　　　　　收款人：　　　　　　　負責人：

⑵登記商品賬款

　　店員要根據繳款單交出金額，日清日結的櫃台，要根據當日清點商品餘存數進行核對，然後減商品賬數；店員要根據當日進貨憑證，增加記錄商品賬總金額、總數量。

表4-3-2　銀行現金繳款單（回單）

繳款單位	全稱開戶銀行				賬號						出　納收款章
款項來源			現金出納								
（大寫）			千	百	十	萬	千	百	十	元	
票面	張數	十 萬 千 百 十 元	種類	千 百 十 元						會計分錄	備註
五百元											
一百元											
十元											
一元											

⑶彙集各種憑證填制報表

　　店員要每天彙集當日各種進、銷貨憑證以及調價報告單。逢年終、月末，還要彙集各種盤點損溢報告單；然後根據彙總，填制商品進銷存日報表，經財會部門審核無誤後，編制商品進銷存彙總表。這兩種報表是商店經營的真實紀錄，店員必須及時、準確地加以填制，發生差錯要及時追查，並逐日裝訂成冊，為核算和財務分析提供必要的資料和可靠的依據。

2.封存商品，防止被盜

⑴營業結束後，店員應將賬後款、票證及體積小的貴重物品交專人保管或存入保險櫃，統一密封封存，不得帶出商店和自行保管。

(2)按規定封存。對貴重商品，要單獨上好櫃鎖或按規定要求
　妥善保管。不准將其放在櫃台、貨架、一般錢箱中過夜。

3.整理商品

(1)整理商品。對放亂的商品，要進行歸位、配對、折疊整理。

(2)在整理中，若發現商品已售完，應根據銷售情況，填好次
　日提（補）貨單，以便在次日營業前迅速補齊商品。

(3)存放售貨工具及用品。整理、校正、放置好本櫃台所用的
　各種售貨工具、用品等。

4.安全檢查工作

檢查火種、煤、電、水等各種設施；檢查有沒有留在店裏的
顧客；檢查門窗是否鎖好；檢查營業用具是否齊全，有無收好；
貴重物品有無鎖好。

5.檢查收集顧客的意見

翻閱《顧客登記簿》、《顧客意見簿》，研究顧客意見，及時
改進工作，並把缺貨情況及時通知，以儘快進貨，滿足顧客需要。

6.衛生檢查工作

將商品、貨架、櫃台、用具、店堂打掃擦洗乾淨，搬出有礙
顧客和營業的對象，結束一天的營業。

營業後的收場工作，是對一天工作的總結，也是對第二天的
營業準備，店員做好這項工作，可減輕第二天的工作壓力。

🔊)) 第四節　做好每日的銷售記錄

負責收款的店員把當天所收的貨款上交後，還要把當天的進
貨、銷貨登入賬簿，結出當日的庫存，並填寫各項營業報表。無
收款責任的店員也要及時把當日工作情況做一個記錄。這便於店

員每日檢討自己工作中的不足之處。

表 4-4-1　××傢俱銷售日報表

店員代表姓名：　　　　　商店名稱：　　　　日期：　年　月　日

產品類別				銷售情況		
品類	品名	型號	顏色	零售數量	零售金額（元）	總金額（元）

顧客主要意見、建議：

非易耗助銷品損耗的主要原因：

個人工作改進建議：

備註（促銷活動、宣傳品使用情況）：

表 4-4-2　××傢俱競爭品牌銷售日報表

店員代表姓名：　　　　商店名稱：　　　　日期：　年　月　日

產品類別		品名				促銷活動情況
		材質				
		顏色				
競爭品名稱（總體銷售前四名）	一（　）	數量				
		價格				
	二（　）	數量				
		價格				
	三（　）	數量				
		價格				
	四（　）	數量				
		價格				

表 4-4-3　××傢俱銷售週報表

店員代表姓名：　　　　商店名稱：　　　　日期：　年　月　日

產品類別		品名					
		型號					
		顏色					
本品銷售情況		數量					
		金額					
競爭品名稱	一（　）	數量					
	二（　）	數量					
	三（　）	數量					
	四（　）	數量					
本品市場佔有率							

表 4-4-4　××傢俱市場訊息週報

店員代表姓名：　　　　商店名稱：　　　　日期：　年　月　日

項目
1.本週暢銷產品名稱（型號）、數量及暢銷原因：
2.本週滯銷產品名稱（型號）、數量及滯銷原因：
3.商品售出後退換的主要原因：
4.非易耗助銷品損耗的主要原因：
5.本週促銷活動開展情況：
6.本週競品促銷活動開展情況：
7.本週競品價格變動情況：
8.顧客主要意見和建議：
9.個人表現自評：
10.個人工作改進建議：
11.對商店的工作建議：

第五節　商品的驗收工作

商品驗貨業務，是指對購進的產品質量、數量進行檢查，對於符合合約的商品予以接收的過程；或是對轉調來的商品，加以驗收檢查。

1.點驗數量

對照發票，再檢查商品包裝及其標識是否與發票相符。一般對整箱整件，先點件數，後抽查細數；零星散裝商品點細數；重量商品先檢查過磅；大量商品檢驗碼單；貴重商品逐一點數；原包裝商品有異議的應開箱開包點驗細數。

2.點驗花色品種

根據進貨發票，逐一驗收商品花色、品種、規格、型號、檢查有無單貨不符的情況；易碎品、液體商品，應檢驗有無破碎、滲漏的情況。

3.點驗品質

一般包括儀器驗收和感官驗收。零售業進貨質量驗收，主要檢查商品證件是否齊全，商品是否符合質量要求。如有無合格證、保修證、標籤或使用說明等；有無黴爛變質、水濕、污染、機械損傷；是否假冒等。

商品經過驗收後，對於質量完好、數量準確的商品，要及時填表、傳遞商品驗收單據，登記「商品賬」，填報進貨日報表，同時把商品入庫。

對於在驗收中發現有問題的，如數量不足；品種、規格、正負品錯誤；外包裝標籤與內包裝商品不符；商品污殘損壞；質量不符合要求等，如果在提貨時發現上述問題，應當場聯繫解決。

如果貨已運到後發現，驗收人應分析原因，判明責任，做好記錄。問題嚴重或牽扯數量較多、金額較大時，可要求對方派人來查看處理。

4.填制商品驗收單和登賬的方法

商品驗收單按照供貨單方發貨單上的項目逐項填寫。供貨方的發貨單，應變更為零售單位的表單。

表 4-5-1　商品驗收單

供貨單位：
進貨部門：　　　　　　年　月　日　　　　　　發票號

產地	規格	品名	單位	進價		金額							進銷差價
				數量	單價	萬	千	百	十	元	角	分	

存放地點：　　　　　　覆核：　　　　　　驗收：

　　商品驗收單一般一式三聯，一聯留存作爲記賬憑證，一聯連同進貨發票（付款憑證）一併交會計入賬，一聯交統計登統具體的聯數，還可根據各企業的業務而增減。驗收單的格式各商店不相同，但一般主要內容都由計量單位、數量、購進價、零售價等構成。

🔊)) 第六節　店員如何處理客戶換貨

　　店員對於商品的退換，必須有正確的認識，認真地做好商品銷售，確保售出商品優質足量。

　　商品進行宣傳介紹時，一定要實事求是，讓顧客買到適合需

要的商品。售出的商品，按規定不能退換的，在銷售時，就應向顧客進行說明，以減少不必要的磨擦。

一方面，店員也要儘量將退換商品的現象減少到最低，對於來商店退貨的客人，必須加以善待，讓顧客得到更好的滿足。

一、商品退換的原則

如果客人因爲某些不合意的理由，對已購買之商品不能感到滿意而希望退貨，以商店立場而言，不得不接受客人退貨的要求。但是接受客人退貨的情形，並不是百分之百無條件接受，也就是說商店是在允許範圍之內接受退貨或更換。因此，商店必須事先決定好有關客人退貨的標準才行，這個標準到底如何決定呢？

一般性的商品，只要不殘、不髒、不走樣、沒有使用過、沒有超過規定期限、不影響再次售出的，均可退換。

有些商品，雖然顧客進行過一定程度的使用，但對其質量、使用價值不構成任何影響，應當予以退換。

銷售時，商品已過期失效、殘損變質，計時失效，應當予以退換。

食品、藥品、剪開撕斷的大量商品、購買後超過有效期的商品或服務、已經享用的服務、不易鑑別內部零件的精密商品、售出之後不再經營的商品或服務、難以區別質量的貴重商品和服務，以及明顯污損不能再次出售的商品，不能退換。

二、退換商品的服務技巧

對顧客退換貨時的接待，應本著「顧客第一」的原則，對顧客購買的商品負責。商品的退換工作也是售後服務，對這類顧客的接待的好壞，處理問題是否恰當，直接關係到商店的信譽。因

此店員必須妥善處理。

1. 態度誠懇，熱情接待

當顧客對購買的商品不太滿意而希望退換貨物的時候，店員應該一視同仁地接待，態度要親切，傾聽顧客退換的原因，對顧客的要求表示理解，使顧客感到店員的親切和對自己的尊重，增強對店員處理問題的信任感。若不是出現不得已的情況，大多數顧客是不好意思要求退貨的，如果此時店員態度冷淡，甚至推諉、諷刺，結果會使原本心懷內疚的客人變得憤怒不悅，以後再也不會光顧這家店了。

2. 區別情況，妥善處理

店員在接待退換貨時，應根據具體情況，分別做出正確處理：

(1) 顧客要求退換在本店購買的商品，經檢查只要沒有污損，不影響其他顧客的利益和再次出售，都要主動予以退換貨。

(2) 有些商品，雖然試用過，但商品質量確實有問題；對於本店出售的過期失效、殘損變質、稱量不足的商品，不但應當退換，而且要主動道歉，如果顧客因此蒙受損失，還應當予以賠償。

(3) 顧客購買商品後，因使用不當或保管不善而造成商品變質的，原則上不予退換。

(4) 對不符合退換原則的商品，應一開始就向顧客說明理由，聲明在先。

(5) 如顧客買後過期的商品、處理商品等一律不得退換。如果顧客堅持要退換，應向顧客講清道理，說明不能退換的原因，特別是這種情況，更必須注意措辭、態度，絕對不可以破壞對方的心情。

(6) 對不退換的商品，在不違背原則的情況下，可以幫顧客想辦法解決困難，例如可以為顧客代賣或削價出售商品。

(7)原則上對可退換可不退換的商品，以退換爲主，在退換過程中，無論是爲顧客退錢或換貨，都應該表現愉快，即使是不得不接受退貨的情況，也要愉快地接受，告訴顧客「這是退給您的錢，請清點一下。」或「這是您想換回的東西，請拿好。」最後，別忘了歡迎顧客再來。

第七節　櫃台的盤點工作

盤點是商店工作中最繁重的一項工作，也是商店發現商品損耗和差錯的最有效的方法，是商品庫存管理的重要環節。

商店可以通過盤點，及時發現商品損耗情況，從而追查原因，研究應對措施，解決問題。因此，商品盤點業務是商店工作中必不可少的。

一、盤點前的準備工作

很多企業的盤點工作都安排在晚上營業結束後進行，對第二天的營業沒有什麼影響。但如果企業需要關門盤點，盤點前要提前幾天貼出告示，對由此造成的不便請顧客原諒，還要電話通告廠商，以免在盤點時送貨，造成不便。

每次盤點前，店長(課長)應根據大類盤點前的相關文件，針對前次盤點出現的問題，進行總結、分析，對盤點人員(特別是新員工)進行強化培訓，不斷提高盤點技能及準確度。

企業都還必須做好如下準備：

1.整理商品

在盤點的前幾天進行商品整理，可以使盤點工作更加有序、

順利地進行。對商品進行整理要抓住以下幾個重點：

(1)對貨架上、櫥窗和櫃台上商品的移位整理，暫停從倉庫提貨。將櫃台上的商品進行分類整理歸位，因爲櫃台上的商品往往是爲了促銷而擺出來的樣品，不同的商品混放在一起，不利於盤點。將貨架下的空箱子拿走，不足的箱子要放滿，以免把空箱子當實箱子計算或將不滿的箱子當滿箱計算，引起盤點的差錯。

檢查貨架上的商品是否有混雜情況，以及後面的商品是否被前面的商品擋住了，而沒有計算。因爲貨架上的商品放得最多，銷售中難免會發生混雜情況。

(2)對庫存商品的移位整理。庫存商品的整理要特別注意：一是注意被大箱子擋住的小箱子，在整理時要把大箱子放在小箱子的後面；二是要避免把一些內裝數量不足的箱子當整箱計算，要在箱子上寫上內裝商品實際的數量。否則，就會造成計算上的實際庫存遺漏或計算上的庫存偏多，使盤點失去準確性。

(3)對代管代銷、貨到單未到的商品，應分開存放，以免與入賬商品混淆。

2.單據整理

主要包括以下幾項：進貨單據的整理，變價單據的整理，淨銷貨收入彙總，報廢品彙總，贈品彙總等。

3.盤點工具的準備

將有關的度量衡等盤點工具準備好，如點貨機是否可正常使用，填寫用的不同顏色筆等。

4.盤點表的準備

要抄寫好盤點表，將商品品名、規格、牌號、單位、單價等欄事先填好，以加快盤點速度。

總之，要求在盤點前做到「三清、兩符、一歸」，即票證數清、現金點清、往來手續清；賬賬相符、賬單相符；商品分類存放。

表 4-7-1 商品盤點表

_____商店_____櫃 20 年 月 日 第 頁

類別	貨號	品名	單位	盤點情況					備註
				數量	單價	金額			
本 頁 小 計									
賬戶應存金額			點存合計金額			差額損溢			

製表:

二、選擇合適的盤點方式

　　盤點的方式有很多種,零售商店應根據商品的特點、業務經營的需要,分別採用最爲適合的盤點方式。

　　商品盤點按照盤點時間劃分,可分爲定期盤點和臨時盤點。定期盤點又可分爲三種形式:

- 按制度規定進行的月終、季末與年底的盤點,這是零售商店爲了摸清家底,定期考核經營成果的一種重要形式;
- 日銷日盤,即每日銷售結束後,對某種商品進行盤點,比如經營自行車、手錶、照相機、電視機、收錄機等的商店或櫃組,由於品種單一、金額較大,通常實行逐日盤點,日結日清,以加強對商品的管理;

- 按批盤點，即按商品進貨的批次，銷完一批盤點一次。通常對鮮活商品採用這種盤點形式。因爲鮮活商品銷售快，時間短，零售商店也不會大量長期儲存，只能是賣一批盤一批。

臨時盤點是在商品變價、負責人工作調換、商品保管發生變故以及突擊抽查等情況下進行的盤點。臨時盤點又可分爲關門盤點和不關門批點。

- 關門盤點就是停止營業進行盤點，一般店員少的小商店採用此方式。
- 不關門盤點，即在不影響商店營業的情況下，組織專門班組或利用班後進行盤點。

在目前的零售業中，各零售企業爲了加強商品管理，防止缺貨，減少滯銷商品，優化庫存結構，提高商品週轉率，大多運用日銷日盤的方式。因此，學會運用日銷日盤的方式對於店員來說十分必要。

1.盤點對象

日銷日盤並不適合所有的商品，而是針對某些商品的，這些商品主要有：

(1)快訊商品；

(2)特價商品；

(3)季節性商品(指季節性較強的商品，滅蚊水、保暖內衣、月餅、粽子等)；

(4)新商品(新產品試銷期間)；

(5)暢銷商品(每小類商品銷售排名前十名左右)。

2.操作方式

(1)由理貨課課長安排理貨員、店員進行日盤點工作；

(2)日盤點時間規定在每晚 8：30～9：30(夏季爲 9：00～10：00)，各地企業可根據當地情況調整；

(3)進行日盤點商品包括排面、非排面(含倉庫);

(4)填寫日盤點表要認真、工整、正確,並在備註欄上註明所盤點商品的類別:

(5)將每天的商品入庫數量填寫在日盤點表庫存數的下一行;

(6)日盤點要分課進行,如有必要店面可做人員調整。

3.**注意事項**

(1)進行日盤點前,要將所有商品歸位;

(2)在日盤點進行期間,不能影響商品銷售工作,對顧客應積極主動地做好商品推介;

(3)交接時必須對日盤點表進行交接;

(4)每月 25 日必須將日盤點表上交副店長,由副店長統計、檢查,並列爲員工的業績考核內容之一;

(5)營運部對商店盤點進行檢查,並列入商店業績考核內容之一,對沒有按規定開展此項工作的商店將予以扣分。

三、盤點過程中的工作

盤點工作是一項較爲複雜的工作,工作中出現一點錯誤都將會影響到盤點結果的準確性,所以要十分謹慎。做好以下工作,這可以使盤點工作能夠更加順利地進行,盤點結果更加精確。

• 由櫃台負責人將本櫃台所有的商品卡集中,按卡一一清點商品;

• 排面商品:按從左到右,從上到下的順序認真點數,將數據填寫在大標籤上的小紙上;

• 非排面:散貨商品根據商品卡一一點數,過秤,填寫好數據;

• 將所有數據按要求輸入盤點機內,輸完一種商品的數量在其品名後打鈎。三人配合輸單,店員輸數字,一盤點人員

報數，一盤點人員在後面打勾；

• 資訊課對盤點數據進行處理，生成盤點盈方差異（對照電腦庫存）；

• 盤點完畢，清掃好衛生，將排面陳列到位後，經檢查方可能離開。

初點、複點、抽查是盤點作業中的最為關鍵的三步。在盤點實施時，一定要檢查盤點配置圖是否有遺漏區域，盤點單內所盤點的項目是否有遺漏的品項，數量、價格是否正確。複點、抽查若有錯誤，則須由原盤點者重新確認後再更正。

1. 初點作業

初點作業時，一定要先點倉庫，後點賣場，要依序由左而右，由上而下進行盤點。每一台貨架或儲物櫃都應視為一個獨立的盤點單元，使用單獨的盤點表，以便於按盤點配置進行統計整理。

最好兩人一組進行盤點，一人點，一人記錄。盤點表上的數據應填寫清楚，以免混淆。不同特性商品的盤點應注意計量單位的不同。盤點時應順便觀察商品的有效期，過期商品應隨即取下，並作記錄。

2. 複點作業

複點應先檢查盤點配置圖與實際現場是否一致，是否有遺漏的區域（獨立區域常會漏盤）。複點可在初點進行一段時間後進行，複點者須手持初點者已填好的盤點表，依序檢查，再將複點的數字記入複點欄內，並計算出差異，填入差異欄。

使用小貼紙方式盤點，則應先巡視有無未標示小貼紙的商品，複點無誤後再將小貼紙拿下。

複點者須使用紅色圓珠筆進行複點。

3. 抽查作業

抽查辦法可參照複點辦法，抽查的商品可選擇賣場內死角或不易清點的商品，或單價高、金額大的商品。對於初點與複點差

異較大的商品要加以實地確認。抽查者也必須使用紅色圓珠筆。

在抽查時還應注意以下三點：

一是每一類商品是否都記錄到盤點單上，並已盤點出數量和金額。

二是對單價高或數量多的商品，需要將數量再覆查一次，做到確實無差錯。

三是覆查劣質商品和破損商品的處理情況。

四、盤點的後期工作

在抽查完成以後，還要進行盤點差異核查。第二天開門前各課人員對照《盤點差異盈方表》(對照電腦庫存數量差異大的商品)對差異數量、金額大的商品進行複點。

具體做法是由商品課、防損課各派一人專門負責核查，相關人員配合。一般情況下，對超級市場來說，盤損率應在 2%以下，如超過 2%就說明盤點作業結果存在異常情況，要麽是盤點不實，要麽是企業經營管理狀況不佳。

盤點後很可能存在差異，可能是數量少了，也可能是多了。無論是多還是少，都應當找出原因，避免下次再出現同一情況。一般來說原因主要有以下六方面：

1.收貨：多收、少收或多退、少退，收錯或退錯；

2.收銀：打錯編碼，輸錯數量，弄錯商品規格。盤點時輸錯單，重覆輸單，輸單未保存；

3.顧客：偷竊；

4.單據方面：單據處理不及時，丟失、重覆做單，單據與實物不符(已打單，貨沒有拿走；貨已到，沒有打入庫單)；

5.盤點：漏盤，錯盤，贈品作商品盤，標簽與實物不符，寫錯編碼；

6.其他原因：借用編碼，散貨串碼，免費試吃等。

盤點作業結束後，店鋪還應進行盤點作業的賬冊工作。盤點作業的賬冊工作就是將盤點單的原價欄上記錄的各商品原價和數量相乘，合計出商品的盤點金額。這項工作進行時，要重新覆查一下數量欄，審核一下有無單位上的計量差錯，對出現的一些不正常數字要進行確認，更正一些字面上明顯看出的差錯。將每一張盤點單上的金額相加，就得出了合計的金額。商店要將盤點結果送財務部，財務部將所有盤點數據復審之後就可以得出該商店的營業成績，結算出毛利和淨利，這就是盤點作業的最後結果。

圖 4-7-1　　商品盤點的作業流程

第 *5* 章

店員的櫃台陳列工作

🔊))) 第一節　商品在櫃台的陳列原則

　　合理有效的商品陳列能夠製造最大的「眼球效應」，激發顧客的購買慾望，進而帶動賣場整體銷售量的上升。

　　店員在實施商品陳列時，要注意如下原則：顯眼的陳列；易選擇、易拿取的陳列；提高商品新鮮度的陳列；提高商品價值的陳列；引人注目的陳列。

一、顯眼的陳列

　　「顯眼」並非表示「看得見」的意思，站在顧客的立場來看，如何能讓商品變得顯眼，才是最大的問題。看不到的東西就賣不出去，而不容易看到的東西，也不容易賣出去。

　　所謂「顯眼的陳列」是，一個店為使「最想賣的商品」容易賣出，儘量將它設置於顯眼的地點及高度，而這種陳列也可稱為有效陳列。在施行「顯眼的陳列」時，有效的表現方法如下：

1. 物理性顯眼

• 針對商品的大小及性質，安置它們在顯眼高度的陳列方法。

• 使商品特徵、性質，容易瞭解的陳列方法

• 製造重點，容易與相似品比較的陳列方法。

• 放置於關聯商品的附近，提高其聯想效果的陳列。

2. 心理性顯眼

• 不具排斥感的販賣方式。

• 藉由多變的表現方式，使商品本身更美更好。

• 利用一些陳列道具或輔助器具，提高商品價值感。

3. 實行顯眼陳列的方法

(1)小型的商品在前方（離眼睛最近），大型商品在後方的陳列方法。

(2)較便宜的商品在前方（容易取拿部份），較昂貴的商品在後方的陳列方法。

(3)暗色系商品在前方，明亮色系商品在後方的陳列方法。

(4)季節商品、流行商品及新製品在前方，一般商品在後方的陳列方式。

(5)在採用顯眼陳列時，必先考慮商品性格及其購買頻率，對於想要販賣的商品，儘量選擇能引人注目的場所陳列，即使在同樣的場所，這些被稱爲黃金線上的商品，在有效陳列範圍中也要集中展示於最顯眼的高度上，並在陳列方式上下功夫，以提高其注目率。

二、易選擇的陳列

所謂「易選擇的陳列」，即商品以客人容易選擇的方式陳列，特別商品（手錶、寶石等之小型貴重商品）除外，都儘量能陳列於易拿取的地方。

因此，考慮商品的關聯性之後，再進行分類陳列。

1.就像性別、年齡別、材料別一樣，首先應以大分類方式將商品分類。

2.其次將它以用途別、製造廠商別之中分類方式來分類。

3.最後則是以價格別、設計別之小分類方式分類。

將商品明確地分類之後，再集合展示的陳列方法，不只帶給顧客便利，對於店鋪本身更提高了管理商品的效率。

關於「易拿取的陳列」，在顯眼、易拿取的有效陳列範圍內，根據顯眼度、易拿取度的高低順序，將暢銷商品及想要賣的商品，適當地陳列在高效率位置上展示。

三、提高商品新鮮度的陳列

所謂「提高新鮮度的陳列」是，使顧客感覺到商品的豐富性的陳列。

任何人在選擇喜愛的商品時，當然都喜歡從多種類、多數量中選擇，以得到購物的滿足感。

即使是少量的商品，只要能好好運用陳列方法，也能使其感到很豐盛。

瞭解豐盛感——熱鬧——生動——新鮮度等之關聯性以後，熟練地運用輔助工具將商品立體的陳列起來，藉由裝飾物使商品生動化，活用拍賣時之海報傳單，來強調商品的新鮮度。

四、提高商品價值的陳列

所謂「提高價值的陳列」是指，即使是同樣的商品，在運用陳列方法之後，也可使顧客對其給予更好的評價。所以在進行陳列之前，必須先考慮什麼是能表現最佳效果的陳列方式。

陳列設備及器具對其影響力很大,甚至也受陳列背景的顏色、材料、小型道具以及照明的表現效果所左右。

搭配組合方法,舉例如下:

· 男士用襯衫及領帶、袖扣等。
· 婦女用襯衫及裙子、長褲、皮帶、絲巾、手飾等。
· 客廳沙發、桌子組合、座墊、壁櫥、台燈、地毯、窗簾、拖鞋等。
· 皮製上衣、大衣及手提包、長筒靴等。
· 廚房用具。

五、引人注目的陳列

「引人注目的陳列」就是將商品安置在賣場中強調重點的陳列場所。

它是藉由一些設備及陳列用具使得某個部份特別顯眼,以招攬顧客來店瀏覽。

引人注目的陳列方式,可因行業的不同及因時因地所對準目標的不同而有所差異。不過,大致可分為下列兩種:

· 量感陳列——體積主體。
· 感覺陳列—— 氣氛主體

一般來說,量販店多採取量感的販賣陳列方式,而專售店則採取感覺的陳列方式。

以量販賣的店鋪,它的全面陳列皆是採取量感陳列,故其注目重點就要藉由量感陳列來強調。

相反的,專售店的全面陳列較注重氣氛,所以其注目重點就要以感覺陳列方式來強調其獨特的品味。

◀)) 第二節　商品的陳列工作流程

1.準備材料

陳列所需的器材和工具要根據需要而定。陳列商品所需的輔助材料有：海報、貨架吊繩、箱子、櫃台陳列物品、懸掛物、樣品、說明書等。

做陳列工作時所使用到的器材有：白紙、牆紙、吹塑紙、三夾板、大頭針、剪刀、釘書器、鐵釘、膠帶、價格標貼等。

2.選擇最佳陳列位置

陳列的位置適當與否，決定了陳列的效果，所以一定要選擇最佳陳列位置。

在選擇位置時，必須充分考慮商店營業面積、客流量、地理位置、產品的特點、安全管理及顧客的消費習慣等。顧客經常或必須經過的交通要道是陳列的第一選擇。另外，顧客行走的習慣是逆時針方向，即進店後，自右向左觀看瀏覽。根據這一特點，我們可以把商品根據其重要性由右至左地擺放。

3.善用 POP 陳列

因為店頭 POP 具有推動銷售、建立品牌知名度、增加利潤、使人認識/喜歡商品、以及刺激/助長購買慾望的種種特點，所以常可以在商店裏見到這種陳列的方式。

⑴**海報**。要放置（貼）於消費者最常走動的路線上，如入口處的玻璃，商品陳列處，店外等。同時要注意保持整齊，不要被其他海報遮擋，要定期更換。

⑵**貨架標籤/標誌**。用在商店貨架或超市堆箱上，使顧客對此處出售的商品大類一目了然。在陳列的同時，要注意保持整齊，

清潔，不要擋住商品。

⑶**櫃台展示卡**。用於櫃台銷售，可放置於商品上或商品的前方。如果櫃台位置的面積較小時，要避免展示卡影響顧客拿取商（樣）品。

⑷**掛旗和掛幅**。懸掛於店內的走道上方、店頭內口，以及商品上方。此類 POP 要注意定期更換，內容要與商店活動相符。如果設的是店中店，則要取得商店的同意，方可懸掛。

⑸**窗貼**。用於商店入口處的門窗或面臨街道的窗戶。在陳列時注意窗貼的整潔、不變形，最好配合其他 POP 一起使用。

⑹**櫃台陳列盒**。多用於商店櫃台和超市的收銀台。要注意平日裏有足夠的貨量，方便顧客拿取，最好能配合商品的介紹手冊或宣傳單。

4. 發揮想象力進行佈局

與眾不同才能對顧客具有吸引力。在進行構思時不要拘泥於傳統的做法，應該大膽發揮想像力。要儘量有效地利用一切可用的空間，考慮是否可以用不同的方式來使用陳列輔助器材，使陳列更為突出。可以多去現場觀察競爭對手是如何做的，取他人之長補己之短。

5. 對陳列進行檢驗與評估

為了確保陳列有效，最後應對產品陳列情況進行檢驗與評估。可以利用下面兩個表格來檢查自己的櫃台陳列是否已經做好，陳列還有何需改進之處。

表 5-2-1　櫃台維護檢查

項　　目	是	否
一、檢查商品		
1.產品擺放是否零亂？		
2.產品有無受損？		
3.產品包裝是否陳舊破損？		
二、檢查店內的地板、牆壁、天花板等		
1.是否有受損或油漆脫落、裝潢損壞？		
2.裝潢材料是否陳舊？		
三、檢查照明設施		
1.照明器具、燈泡是否有故障？		
2.照射角度及效果好不好？		
3.燈罩或外殼有無污漬？		
四、檢查陳列架		
1.陳列位置是否正確？		
2.陳列架是否受損？		
五、檢查店內裝飾、POP 廣告		
1.張貼位置及效果如何？		
2.張貼是否零亂？		
3.文字和價格是否錯誤？		
六、檢查清潔衛生		
1.環境是否保持清潔？		
2.地板、倉庫、隱蔽場所是否做了消毒工作？		
七、檢查更衣室和員工休息室		
1.內部是否整理好？		
2.煙灰缸、垃圾桶是否按規定放好？		
3.衣服、鞋類是否放置零亂？		
4.牆壁及陳設是否受損？		

表 5-2-2 陳列效果評估

在你認為符合要求之處打上「√」。	是	否
1.陳列位置是否位於熱賣點？		
2.陳列是否在此店中佔有優勢？		
3.陳列位置的大小、規模是否合適？		
4.是否有清楚、簡單的銷售資訊？		
5.折扣是否突出、醒目並便於閱讀？		
6.產品是否便於拿取？		
7.陳列是否穩固？		
8.是否便於補貨？		
9.陳列的產品是否乾淨、整潔？		
10.是否妥善運用了陳列輔助器材？		
11.有鮮明的主題，能強化商品的特色。		
12.色彩搭配柔和、協調，讓人眼前一亮。		
13.樣品陳列設計有個性，擺放具藝術感。		
14.樣品陳列位置是否位於櫃台的醒目位置。		
15.商品陳列豐富、充實。		
16.商品分類清晰，能讓顧客快速看到所需商品。		
17.陳列商品旁有明確的價格牌、說明書等。		
18.經常更新陳列形式，使陳列具有新鮮感和魅力。		
19.陳列的商品乾淨，不帶有塵土、污漬。		

🔊 第三節　在有效範圍內陳列商品

顧客有時去購物，常常會因為被一些陳列所吸引，因而改變了原先預定要買的商品，甚至完全沒有要購買東西的準備，但受到精美陳列的吸引，不禁產生購買的衝動。

今天已進入多樣化商品激烈競爭的時代，販賣成功與否，可以說決定於陳列點良否，這種說法一點也不為過。

一、有效範圍陳列

將所有商品都進行展示、陳列是不可能的，那樣反而無法達到預期的效果。有效的陳列，即在店裏陳列最重要的商品。

藉由重點商品的展示、陳列，來吸引經過店前的人駐足於店頭，甚至進入店內，吸引注意開始產生興趣、聯想、慾望、比較，信賴及購買心理，甚至產生購買決定。

調查顯示，顧客在購買東西時，突發奇想、衝動的購買比率佔有 30%，那是因陳列所產生的魅力而造成的。

80%的顧客對於陳列都有很大的興趣，半數以上的顧客，都是因被商品獨特的陳列方式所吸引而前來觀看，最後決定購買的。

何謂有效陳列範圍？廣義地說，為商品陳列於最有效的部位。也就是商品陳列的高度、醒目度、便於購買的位置。意外的是，很多商品陳列未採取「醒目」的陳列方式，而以「看得見」的方式陳列的居多，這點實在值得深思。

所謂「醒目」，是以客人的立場看，商品如何有效地陳列於便於選購的位置。因此，商店具備陳列的工夫是必要的，販賣商

品的理想場地及其寬度、商品的規格和質量、價格，如何靈活運用也是一大課題。

採用顯眼、便於購買的陳列方式，首先得考慮其主要顧客層的生活習慣和身高條件，再決定商品的陳列範圍。

和生活習慣相違背的陳列，會減弱顧客對商品的注意力。例如，把襪子陳列於比視線高的位置，帽子則擺放在腳根邊的箱子上，這樣的擺設都不對。對人體而言，以一般成年的男女及小孩的視線高度、手臂長度為基準之顯目度及手取方便度，是商品陳列需要考慮的重要因素。所謂有效陳列範圍的運用，也就是刻意塑造感覺好、便於選購及便於取得的陳列。

以具體的數字表示有效陳列範圍如圖 5-3-1。從地面起 60 公分~150 公分之間為主，有效陳列範圍最高上限為 200 公分。但是一般手能取得商品之高度，女性為 180~190 公分，因此最上層的陳列高度的 170 公分為適。

圖 5-3-1　便於顧客取拿的陳列方法

二、在黃金線陳列商品

目前成年人身高逐年升高，一般店面的陳列方式比平均身高稍低爲佳。陳列基準是應以「顯眼」爲中心視線。一般人的視線基準，男性爲 150 公分，女性爲 140 公分。一般商店最好以女性的高度範圍爲基準。

顧客會自然將視線往下看，陳列商品也應該把握此原則。一般最顯眼的高度位置爲視線水平下 20 度之處，即是手取方便的位置，因此博得「黃金線」的美名，此外還有「黃金位置」、「具有高銷售率之地」等等。其範圍以視線下 20 度爲中心，上 10 度，下 20 度之間。商品陳列面的寬廣與否，因商品的不同而有所改變。

櫃台陳列，以客人和商品拉開之距離爲視線下 20 度的高度是 110 公分，黃金線的範圍爲地面 60 公分起到 125 公分的約 65 公分之間。櫃台陳列的場合，顧客和商品接近的關係，黃金線的高度爲 120 公分，從 95 公分到 130 公分約 35 公分之間。

以 A-D 來表示黃金線顯眼之順序。其中 D 是最容易從遠方看到，反之，一靠近陳列物也就成了最難看到的位置。根據黃金線的順序，A 區爲重點商品區，次之爲 B、C、D。

爲便於顧客看到、知道、進而買之，選擇適當的銷售地點、商品數量、陳列技巧，並附上 POP 廣告，將有利於商品的銷售。

📢)) 第四節　商品陳列的方法

商品陳列能影響你的銷售業績，店員要瞭解最新的資訊，及時更換，推陳出新。

1.放滿陳列：保持商品豐富齊全的直觀印象

琳琅滿目的商品陳列對銷售的促進作用無須質疑。商品做到放滿陳列，可以給顧客一個商品豐富、品種齊全的直觀印象。同時，也可以提高貨架的銷售能力和儲存功能，還能相應減少超市的庫存量，加速商品的週轉速度。有資料表明，放滿陳列可平均提高 24%的銷售額。

對於賣場來說，商品的豐富並不是單純建立在品種繁多上，而且還和商品品類選擇以及巧妙的商品陳列有關係。

- 每一格貨架至少陳列 3 個品種（暢銷商品的陳列可少於 3 個品種），以保證品種數量。
- 就單位面積而言，平均每平方米要達到 11 至 12 個品種的陳列量。
- 當暢銷商品暫缺貨時，要採用銷售頻率高的商品來臨時填補空缺商品位置，但應注意商品的品種和結構之間關聯性的配合。

2.先進先出：保持商品的新鮮

當商品第一次在貨架上陳列後，隨著時間的推移，商品不斷地被銷售出去，貨架前排就會出現空缺的情況。但是在一些銷售業績良好的商場，你卻很少會看到這種情況，因為他們特別注重商品的補充陳列。

賣場的商品補充陳列應遵循先進先出的原則，其陳列方法是先把原有的商品取出來，然後放入補充的新商品，再在該商品前面陳列原有的商品；即使在某一商品即將銷售完畢、又由於貨源等問題暫時未能給予補充新商品時，你也要將後面的商品移至前排面陳列（銷售），而絕不允許出現前排面空缺的現象。也就是說，商品的補充陳列是從後面開始，不是從前面開始的。

這是因為，商品的銷售一般都是從前排開始的，為了保證商品生產的有效期，補充商品就必須從後排開始。因為顧客總是購

買靠近自己的前排商品,如不按照先進先出的原則來進行商品的補充陳列,那麼陳列在後排的商品將會永遠賣不出去。並且,許多商品尤其是食品都有保質期限,消費者都會很重視商品出廠的時間,用先進先出法來進行商品的補充陳列,可以在一定程度上保證顧客買到的商品的新鮮性,這也是先進先出原則保護消費者利益的一個重要的方面。

3. 樓上大件、樓下小件

在設置各種銷售專區時,賣場應該首先考慮如何幫助顧客節省時間。來賣場購物的顧客通常可以分為兩種類型:第一種顧客通常是來買油鹽醬醋、鮮肉果蔬的,買完就走,絕對不會多看一眼冰箱彩電,因此有條件的超市會設置一個直接進入一層的入口;另一類是一段時間(如一週)才光顧一次的,這類顧客需要買的東西很多,可能會有電器、鞋帽等,當然也會買一大堆食品,他們可以從另一個入口直接去到二層,拿夠樓上的大件,放到購物車的底部,再下到樓下拿小件,最後經收銀台出去,這就非常方便。

為此,賣場的商品通常應該這麼安排:電器、服裝等放到上一層,而食品等則放在下一層;而且,入口通常會直接通向二層,顧客由二層到一層,最後經由收銀台離開超市。

4. 鮮活靠門站

對於鮮活產品,最好把它們擺放在距離收銀台不遠的地方。這是因為,對於雪糕這類的冷藏冷凍食品極容易化掉,應該讓顧客以最短的時間拿回家,同樣,生鮮類也是如此。

5. 綜合配套陳列

由於消費者生活水準日益提高,消費習慣也在不斷變化。為了能和消費者的生活相結合,並引導消費者提高生活品質,在商品收集和商品陳列表現上也應充分運用綜合配套陳列法,即強調銷售場所是顧客生活的一部份,使商品的內容和展示符合消費者

的某種生活方式。比如，在一些賣場的男性用品區上，也有電動刮臉刀和男性化妝品一起銷售。

綜合配套陳列也稱視覺化的商品展示。目前，綜合配套陳列在日本、歐美超市已得到很普遍的應用。在展開視覺化的商品展示時，首先要確定顧客的某一生活形態，再進行商品的收集和搭配，最終在賣場上以視覺的表現塑造商品的魅力。

6. 主題陳列

主題陳列也稱展示陳列，即在商品陳列時借助展示櫥窗或賣場內的特別展示區，運用各種藝術手法、宣傳手段和陳列器具，配備適當且有效果的照明、色彩或聲響，突出某一重點商品。

展示陳列必須明確打出一個主題，吸引顧客的注意力，使其產生聯想和強烈的購買慾望。因此，展示陳列的商品往往是那些具有時間性和主題性的商品，或者是為了配合某些節日而做出的精心選擇，此外，新開發的商品也往往是展示陳列的重點。展示陳列的商品應儘量少而精，可以是一種商品，如某牌號熱水器、蒸汽電熨斗、洗碗機等，也可以是一類商品，如新型化妝品、小禮品、裝飾品等。

由於顧客越來越注意視覺、聽覺、觸覺等各種感覺，為此，在展示陳列時必須充分運用各種輔助器具或裝飾物來突出商品的特性，並且要在商品的色彩、設計、外形等方面讓顧客留下深刻的印象。當然，如果陳列時有店員配以解釋、說明，會加大商品的吸引力。

7. 季節商品陳列

季節商品陳列主要強調一個「季節性」，要隨著季節的變化而提早調整，及時更換。對於一個運轉良好的賣場來說，季節商品永遠是走在季節變換的前面，尚未到炎熱的夏季，無袖襯衫、裙子、套裙都已經早早地擺上櫃台。同時，在擺放季節商品時，還需要注意商品背景色調的變化，季節商品陳列的場所總是與週圍

出售商品的部位、環境相協調，陳列的背景、色調也與陳列商品相一致。

　　當然，一個賣場內的商品不可能都是應時應季商品，因此應做到不同商品的不同面積分配和擺放位置。一般來說，應時應季商品應多佔賣場面積，並擺放在靠近入口、通道邊等顯眼的位置上，而淡季商品則應適量地陳列，以滿足部份消費者的需求，即使是那些沒有季節性的商品，也應經常地從商品顏色、大小、式樣等方面進行交換陳列。

　　此外，還有一些小的細節也需要注意。比如，諸如口香糖之類的商品，由於其面積小，實在是不顯眼，在貨架很難引起顧客的注意，而如果將它們擺放在收銀台前，那麼當顧客排隊結賬時就會有更加充分的時間去注意到它們，當然就增加了銷售機會。並且，由於這些小商品也是盜損比率較高的商品，將它們放在收銀台等顯眼的地方可以最大限度地減少盜損。

🔊))) 第五節　店員的櫃台商品理貨技術

　　所謂在櫃台販賣的「理貨」，是指對所出售的商品加以分類、存放、覆查、陳列，它是貫穿於售貨活動的一項重要工作。該項工作充分而完善地完成，是一天營業工作順利進行的保證，因此在櫃台的商品理貨，又被視為商品管理的一個重要環節。

一、櫃台商品的理貨要求

　　櫃台，是用來陳列和放置備售商品的設備。櫃台商品理貨應以保持陳列商品的整齊、清潔、美觀、豐滿，並能充分顯示商品

的特點，保持正常銷售為原則，做到易取易放，便於搬運、盤點、操作，從而起到提高效率的作用。因此，店員在進行理貨的同時，必須做到以下三點：

1.熟悉商品存放貨位，隨時整理，方便銷售

商品要按照類別、貨號、規格、尺碼和單價的順序分類陳列，即按櫃台內商品的使用關係、花色繁簡、等級優劣、規格大小、價格高低以及使用對象等進行排列，做到心中有數，銷售完商品要及時整理，對號入位。

2.瞭解商品銷售狀況，及時調整商品的存放貨位

根據商品銷量大小、季節變化、供應策略修正等，及時進行商品整理，調整存放貨位。其工作重心應放在應季和銷售量大的商品上，這樣既可滿足消費者的需求，又避免了櫃台上擺滿滯銷商品，而暢銷商品卻存儲於倉庫的不合理現象出現。

3.簡化商品取放動作，減輕工作強度

為了減少取放商品的低頭、來回跑動等動作，商品安置必須要妥善設計，對暢銷品交易頻繁的商品，盡可能擺在店員週圍 140 釐米、高低 60 釐米的範圍內，即櫃台和貨架之間的距離要適度，以便順手取放，減少店員的工作量。

二、櫃台商品理貨的步驟

商品的銷售過程一般可以分為三個階段：營業前的準備階段、營業中的操作階段、營業後的清點階段。櫃台商品理貨則貫穿於整個商品活動的始末，可以隨時進行。

1.營業前的準備階段

營業前的準備階段，主要進行驗收工作。店員對從倉庫提貨到櫃台或由倉庫送到櫃台上的商品，進行檢量驗質工作，它包括複點、數量點收、質量檢驗、標籤檢查、補充銷貨等。

表 5-5-1　理貨工作崗位職責

分類	內　　　容
崗位職責	(1)爲所有的顧客提供優質的顧客服務工作，包括微笑服務、禮貌用語、回答顧客諮詢、簡介商品和爲顧客提供購物車、籃等
	(2)保障庫存商品銷售供應，及時清理端架、堆頭和貨架並補充貨源
	(3)保持銷售區域的衛生(包括貨架、商品)
	(4)保持通道的順暢，無空卡板、垃圾
	(5)按要求碼放排面，做到排面整齊美觀，貨架豐滿
	(6)及時收回零星物品和處理破損包裝商品
	(7)保證銷售區域的每一種商品都有正確的條碼和正確的價格卡
	(8)整理庫存區，做到商品清楚，碼放齊全，規律有序
	(9)執行先進先出原則，並檢查商品的保質期
	(10)事先整理好退貨物品，辦好退貨手續
	(11)控制商品損耗，對特殊的商品進行防盜處理
	(12)負責相關的安全操作，包括使用刀具、鋁梯，搬運貨物等
	(13)具備防盜的意識，特別對容易丟失的商品和可疑人員予以關注
	(14)參加部門的週期盤點和週年盤點
主要工作　補貨	(1)補貨時必須檢查商品有無條碼
	(2)檢查價格卡是否正確，包括 DM(促銷)商品的價格檢查
	(3)商品與價格卡要一一對應
	(4)補完貨要把卡板送回，空紙皮送到指定的清理點
	(5)新商品須在到貨當日上架，所有庫存商品必須標明貨號、商品名及收貨日期
	(6)必須及時補貨，在有庫存的情況下不得出現有空貨架的現象
	(7)補貨要做到先進先出
	(8)檢查庫存商品的包裝是否正確
	(9)補貨作業期間，不能影響通道順暢
理貨	(1)檢查商品有無條碼
	(2)貨物是否正面面向顧客，整齊靠外邊線碼放
	(3)貨品與價格卡一一對應
	(4)不補貨時，通道上不能堆放庫存商品
	(5)不允許隨意更改排面
	(6)破損/拆包貨品及時處理

續表

主要工作	控制損耗促進銷售	(1)依照公司要求填寫「三級數量賬記錄」，每天定期準確計算庫存量、銷售量、進貨量 (2)及時回收零星商品 (3)落實崗位責任，減少損耗
	價簽條碼	(1)按照規範要求列印價格卡和條碼 (2)價格卡必須放在排面的最左端，缺損的價格卡須即時補上 (3)剩餘的條碼及價格卡要收集統一銷毀 (4)條碼應貼在適當的位置
	清潔	(1)通道要無空卡板、廢紙皮及打碎的物品殘留 (2)貨架上無灰塵、無油污 (3)樣品乾淨，貨品無灰塵
輔助工作	整庫庫存盤點	(1)庫存保持清潔，庫存商品必須有庫存單 (2)所有庫存要封箱 (3)庫存商品碼放有規律、清楚、安全 (4)盤點時保證盤點的結果正確
	服務	(1)耐心禮貌解答顧客詢問 (2)補貨理貨時不可打擾顧客挑選商品 (3)及時平息及調解一些顧客糾紛 (4)制止顧客各種違反店規的行爲：拆包、進入倉庫等 (5)對不能解決的問題，及時請求幫助或向主管彙報
	器材管理	(1)賣場鋁梯不用時要放在指定位置 (2)封箱膠、打包帶等物品要放在指定位置 (3)理貨員攜帶：筆一隻、戒刀一把、手套一副、封箱膠等 ④各種貨架的配件要及時收回材料庫，不能放在貨架的底下或其他地方
	市調	(1)按公司要求、主管安排的時間和內容做市調 (2)市調資料要真實、準確、及時、有針對性
	工作日誌	(1)每天晚班結束時寫。要求條理清楚，字跡工整 (2)交代剩下的工作內容，早班員工須落實工作日誌所列事項

2.營業中的操作階段

(1)售貨過程中的整理、增補工作

在售貨過程中，如果能及時做好商品整理增補工作，便可以加快售貨速度，提高服務質量，防止發生差錯事故。在售貨的整個過程中要時刻注意做好整理、挑選、清洗、裝配、修飾等工作，使它按照商品定位、定量擺好。

例如布匹、服裝、床單等針棉紡織品，要折疊好、碼放整齊；一些小商品如針、扣子等，要按型號、類別整理歸類；有些商品如鞋、襪、手套要檢查清楚，使它們大小相同、成雙配對；有些鮮貨商品容易混等混級，如蔬菜、瓜果等要勤查看，隨時將腐爛變質的剔出來，整理乾淨，分等出售。同時，要注意把櫃台上的斷檔商品，及時補齊擺到櫃台上，保持花色品種齊全，數量充足。

(2)售貨過程的態度

首先要掌握銷售忙閑規律，善用時機、積極主動地做好理貨工作。各個商店、各個櫃台都有各自的忙閑規律，店員在工作中應視其營業忙閑，不放過短促的間隔時間，做好商品的拆包、驗收、整理等一系列理貨工作，從而提高效率。

其次要做到認真負責、及時準確。及時準確是指商品進出手續清，來貨收點數量清，核價核對要無誤，要貨交貨要及時，商品上櫃要迅速，錢款入賬要細心等。營業過程中理貨工作的準確、及時，才能保證商品源源不斷地上櫃供應，避免差錯產生，便於櫃台經營管理。

三、櫃台的補貨

店員將標好的商品依照商品各自規定的陳列位置，定時或不定時地將商品補充到貨架上的作業。

1.補貨

(1)定時補貨，指在非營業高峰的補貨。

(2)不定時補貨，是指只要貨架上的商品即將售完，就立即補貨，以免缺貨影響銷售。補貨作業不能影響顧客購買。

(3)先進先出，補貨時將原商品取下，將補充的新貨放在裏面，再把原架上的商品放在前面，做到商品陳列先進先出。

(4)核對卡、貨，先查對欲補貨的陳列架前的價目卡是否和要補上去的商品一致。

(5)特殊商品要控制，對冷凍食品和生鮮食品的補充要進行時間段投放量的控制。要根據每天銷售量和銷售高峰來確定。店員除了領貨、標價、補貨之外，還肩負著盤點作業。

2.標價

商品價格調高或調低時，應將原來的價格標籤撕下，再貼上新的價格標籤。最好不要將新價格標籤覆蓋在原標籤的上面。因為，每一位顧客都有好奇心，他們常會撕開新標籤，看一看原來的價格水準。如果原來的價格低於現在價格，就會引起他們的逆反心理，甚至會以原有的價格標籤進行欺騙式的付款結算。

在打貼商品價格前，要認真檢查商品的代碼與種類，核對貨架上商品的價格是否與標籤價格相一致，以免給顧客造成誤解。

零售店鋪中商品的價格標籤的位置都應該一樣，即在包裝的右上角，如果右上角有商品品牌，就應將標籤貼在包裝右下角。

3.營業後的清點階段

清點工作是對當日營業的小結，也是為次日的工作做好準備，因此，營業後的結束工作也很重要。營業後，清點工作的主要內容是：根據商品數量的記錄賬、卡，清點當日商品餘數，作好銷售數量的記錄，對數量不足的應予退貨，對陳列的商品進行整理歸位，打掃衛生，做好商品養護等。

第 *6* 章

店員的促銷技巧

第一節　要讓顧客試用商品

有一個故事：一個農民偶然有一天看到一隻兔子撞死在樹椿上，於是以後每天他都在等兔子來撞樹，可是等了很久再也沒等到。

現在市場競爭非常激烈，生產同一類商品的廠家成千上萬，在超市、商場裏同類的櫃台也有很多。要在激烈的競爭中取勝，我們不但要有良好的形象，還要主動地採取措施，主動的表現自己，突破自己，才能獲得顧客的青睞。如果像那個農民那樣，只是守株待兔，是不可能有好的銷售業績的。

作爲店員，要主動地現場演示或讓顧客嘗試商品，以行爲吸引顧客：

一、現場操作演示

一般來說，現場演示在食品行業、電器行業的銷售櫃台採用

得較爲普遍。所謂現場演示就是在把產品造型、性能、具體的製作方法、使用方法直觀形象地展示給顧客看。比如在現場烹飪香腸、烘烤麵包、榨果汁，讓顧客感受食品的色香味；比如在售賣風扇的櫃台，讓風扇不停地運轉，讓顧客直接瞭解其性能。

1.現場演示的好處。

所謂「百聞不如一見」，現場演示能讓顧客直觀的看到產品的特性，具體來說它有著以下的好處：

(1)可以有效地解除顧客對商品的顧慮

有些顧客有購買商品的需求，但是他們並沒決定購買那種品牌，或者是他們對產品一知半解，這種顧客可能會處於非常隨機的狀態。他有可能會走進你的櫃台，也可能會走進你的競爭對手的櫃台。

但如果你的櫃台有現場演示活動，由於整個演示過程使用的道具是實實在在的商品，可以直觀、形象，毫無掩飾地將產品的造型、功效、性能、使用方法等直接展示在顧客的面前，顧客因此深刻瞭解了你的產品，原有的顧慮就都消除了，他們就會走入你的櫃台了。

(2)能激發顧客的需求慾望

現場演示對於那些沒有消費需要的顧客來說，具有激發慾望的作用。他們親眼看過商品的製作和使用方法以後，不但瞭解了你的產品的優越性，也學會了商品使用的方法和基本技巧，他們會突然感覺自己好像也特別需要這種產品，從而產生了購買的慾望。

(3)能聚集人氣

大多數人都有這樣的心理，當你看到有人圍在一起像在做什麼事的時候，你也會好奇地想知道他們到底在做什麼。銷售不怕顧客多，就怕沒有顧客來。顧客都有從眾的心理，當你的櫃台聚集了若干個人，那麼必然能吸引其他的好奇者走過來。在這些觀

看的人中，肯定會有潛在購買者。

⑷宣傳產品形象

當你的產品的造型、功效、性能、使用方法充分的展示在顧客面前時，即使顧客暫時不會購買你的產品，也會使他記住你的公司和產品的。

2.現場演示要注意什麼

現場演示具有良好的推廣效果，如果條件許可，不妨多採用這種方式，不過進行現場演示也需要一些技巧，總的來說應該注意以下幾個問題：

⑴地點應設在人流量大的地方

製作演示最好是設在人流較多的地方，這樣才能引起廣泛的注意，達到吸引顧客的目的。

⑵現場演示要注意挑選適宜的時機

節假日或是每天的傍晚時分會有較多的人流，這時進行現場製作能夠取得顯著的效果。

表 6-1-1　你的現場演示技能如何？

序號	題　目	答　案
1	你進行產品演示之處為店鋪或賣場的旺處。	□是 □否
2	你一般是在人流較旺的時候開展演示。	□是 □否
3	你的演示台整潔乾淨，并然有序。	□是 □否
4	你用於演示的工具都放於安全之處。	□是 □否
5	你非常熟悉產品的性能。	□是 □否
6	你能以熟練的手法對產品進行演示。	□是 □否
7	對於顧客的詢問你會耐心地回答。	□是 □否
8	你在演示時面帶微笑。	□是 □否
9	你會經常主動地去熟悉和瞭解產品的使用方法和優點。	□是 □否
10	你的公司曾對你進行過現場演示技巧的培訓。	□是 □否

⑶安全至上

演示介紹的場地一般是公共地方，人流較多，而演示商品需要許多工具(這裏特指食品演示注意事項)，如刀具、各種調味料、電源等，所以演示時要把相關的危險物品放在安全的位置上。比如刀具要放在隱蔽的地方，用油要控制火候，使用電器要確保用電安全等。假如在製作食品時弄掉了工具，或是弄灑了調味料，會給顧客一種非常不專業的感覺；而電器的演示如果不慎讓電器傷到了顧客，或是漏電等，那後果將會不堪設想。

⑷衛生清潔

現場演示要特別注意衛生和清潔，特別是製作熟食品或是即食食品時一定要戴上口罩，清潔雙手，必要時要戴上手套，夾取食品要用乾淨的工具，所有的熟食都要密封擺放。還要時刻保持桌椅的清潔，工作台面千萬不能有任何的髒物、水漬，總之要時時刻刻給顧客衛生乾淨的感覺，才能使顧客產生信心。

⑸動作專業

演示人員在演示過程中，必須非常熟悉整個流程，動作必須是純熟的、標準的、靈巧的。只有規範化的動作才可以給予顧客一個專業的形象，產生強大的說服力。

二、讓顧客嘗試商品

現場演示產品後，可以讓顧客親自嘗試使用產品。如果顧客能親自感受到產品的好處，必然能刺激其購買慾望。一般來說，不同的產品讓顧客嘗試的方式也會略有不同，比如食品的櫃台，大多通過讓顧客試飲、試食的方式，讓顧客親自感受產品的味道、口感；而化妝品櫃台則多以試用的方式讓顧客瞭解其使用效果和質感；服裝則通過讓顧客親自試穿，使顧客瞭解服裝的面料，剪裁及合身的程度。

無論是試飲、試吃、試用、試穿，在讓顧客親自嘗試商品時要注意以下幾個方面：

1.要表現出衛生潔淨

由於顧客在嘗試商品時，都會與商品有直接的接觸，比如化妝品要直接塗在皮膚上才能看出效果，所以試用品的衛生潔淨就顯得非常重要。這不但影響顧客對產品的印象，也關乎於顧客的健康問題。在報刊上偶爾也會有因為試用化妝品而引起皮膚過敏的報導。所以，讓顧客嘗試產品時，要抱著關懷體貼顧客的心態，盡可能地做好保潔的工作。

讓顧客試用的食品要以乾淨的容器裝載，每一份試用的食品要用不同的容器裝載，還要提供夾取食物的工具，比如牙籤等；在讓顧客試用化妝品時，雙手要保持乾淨，化妝用具要經過消毒。為了防止交叉感染，可以使用一次性的小包裝的試用裝；讓顧客試穿的服裝也要保持清潔，一旦發現衣服被染上污漬必須立即處理，不能再讓下一個顧客試穿。現在很多試衣間裏都貼著提醒顧客不要把彩妝沾到衣服上的標語，這也是一種非常好的保證試穿安全的手段。

2.主動邀請顧客嘗試

有的顧客雖然對產品產生興趣，但可能心中疑慮，或是不好意思試用。作為店員，可以主動地邀請顧客試用，可以微笑的說：

「請您試用一下，這是我們的新產品，是用新配方製作的。」

「您可以試穿一下看看效果。」

如果顧客對你的話表示出興趣，你可以主動地將商品遞到顧客面前。

3.主動詢問顧客嘗試後的感受

當顧客試用時，可以禮貌地詢問顧客對產品的感覺，例如問：

「您覺得這件衣服怎麼樣？」

「我覺得口紅的顏色特適合您，您覺得呢？」

　　在新產品上市時，如果我們多詢問顧客試用後的感受及其對產品的改進意見，可以具有改進產品外觀、提高產品質量的作用。

4.顧客在嘗試後你要表示感謝

　　顧客試用以後，你要禮貌地向顧客表示感謝，比如說「謝謝您試用我們的產品」、「謝謝您的意見」，使顧客獲得一種受尊重感。即使他不打算購買你的產品，也會對你的產品留下好的印象。

表 6-1-2　店員的試用促銷技巧

序號	題　　目	答　案
1	你的櫃台讓顧客試用的商品均是衛生、乾淨、可靠的。	□是 □否
2	你會經常進行保潔工作，讓商品保持潔淨。	□是 □否
3	你會配備一些一次性用具以供不同的顧客使用。	□是 □否
4	你會保持個人衛生（如戴手套、洗手），讓顧客試得放心。	□是 □否
5	你拿取商品給顧客時，動作迅速而且熟練。	□是 □否
6	在顧客嘗試商品時，你會簡要地對商品做介紹。	□是 □否
7	你會主動邀請顧客嘗試你的商品。	□是 □否
8	對於顧客的詢問你會耐心地回答。	□是 □否
9	你會主動詢問顧客嘗試後的感受。	□是 □否
10	當顧客拒絕你嘗試後的請求時，你仍會向其表示感謝。	□是 □否

第二節　營造櫃台銷售的有利環境

　　客戶在逛商場、超市，除了要購買商品以外，也希望能在購物中獲得享受，得到一種精神上的滿足。把商品展示在顧客面前是遠遠不夠的，我們還應該給予他們各種感官的刺激，創造出一

種使其感覺愉快的活躍氣氛，這樣他們才能心情舒暢，興致勃勃，願意在你的櫃台長時間逗留。

要使櫃台充滿活力，刺激顧客參觀、購買，可以使用音樂、影像、氣味、照明、POP 來幫忙。

一、創造購物環境的音樂

在生活中我們都有這樣的感覺，聽到旋律柔和優美的音樂，會覺得心緒輕鬆、疲勞頓消；聽到深沉哀婉的音樂就覺得抑鬱、憂愁。適當地在櫃台播放音樂，不但可以刺激顧客的購買慾望，減緩顧客的流動，同時也可以降低櫃台內的噪音。

根據權威機構研究證明，當店內平均噪音低於 80 分貝時，音樂環境的中心音量比環境平均噪音高出 3～5 分貝，就會有明顯的降噪效果；當雜訊高於 80 分貝時，音樂中心音量低出 3～5 分貝，也可以具有降低噪音的效果。巧妙地利用音樂，可以讓顧客暫時忽略了環境的噪音，營造出良好的氣氛，從而留住顧客。

並不是什麼音樂都適合在商店裏播放，在選擇音樂時需要注意以下三點：

1. 選擇的音樂要符合產品的特性

櫃台所播放的音樂必須根據產品和目標消費者的不同而設定。如果你的櫃台銷售的商品是面向年輕人的，那麼播放的音樂最好是輕快、有節奏感的流行曲調。例如百事可樂的廣告口號是「新一代的選擇」，這種飲料的飲用對象多是年輕人，如果在櫃台裏播放一些古典音樂，必然會讓想買飲料的年輕人大倒胃口；對於銷售兒童產品的櫃台就選用歡快活潑的兒童歌曲；目標消費者是中老年人的，可以選用古典、悠揚的民族樂曲；假如你的櫃台銷售的是化妝品，由於化妝品屬於高檔消費品，面對的人群是相對有品味，所以，符合這些消費人群的應該是輕柔、舒緩的音樂。

2.音量適中

音量適中的音樂會讓人感覺舒適，但是如果聲音太大，音樂就會變成噪音。如果你不想嚇跑顧客，一定不要把音樂開得太大。那麼音樂的音量到底在多大時才適合呢？在沒有科學儀器幫助的情況下，要在櫃台內設定一個最佳的音樂音量是極爲困難的。其實我們也不必完全拘泥於具體數值，只要聽上去感覺舒適即可。

3.定時更換

不要只播放一首音樂，這樣不但造成店員自己聽覺上的疲勞，而且也會讓經常光顧的老顧客感到厭煩。最好的方式是一天內輪流地播放不同的曲子，並在一段時間後，適當地更換曲目。在節假日時，可適當地播放應節的音樂，這樣能更好的感染和吸引顧客。

二、利用氣味來刺激顧客

根據研究表明，對人而言，每一種氣味都是一種嗅覺刺激，很多氣味能夠直接刺激人的嗅覺神經，引起神經興奮或改變人的內分泌。

好的氣味可以使人心情舒暢，比如花店中的花香，麵包坊中的甜膩的糕餅味，炸雞烤肉的誘人氣味，茶店的清香味；不愉快的氣味會讓人感覺不適，比如剛油漆過的貨架散發的油漆味，空氣不流通所產生的潮黴味，等等。

好的味道能刺激顧客的購買慾望，不佳的味道只會嚇跑顧客。所以對於正常的味道，比如食品的清香，化妝品的幽香，我們可以加大其濃度，吸引顧客走進你的櫃台。如果商品本身味道不強烈，我們可以用人工的方法比如香熏、噴灑清新劑等釋放幽雅的香味來刺激顧客的購買慾望。檸檬、香茅、尤加利、薄荷、松針這些香型的香熏有著穩定情緒、集中注意力、清淨空氣的作

用，在店鋪或櫃台中使用較適宜。

對於某些商品的氣味也應適當控制，如化妝品櫃台香水的香味會促進顧客對香水或其他化妝品的需要，但太強烈的香味，會使顧客一時嗅覺失靈，引起反感，這樣反而會把他們趕跑。

三、利用 POP 為櫃台加分

所謂「酒香也怕巷子深」，在商業社會，無論是質量多好的商品，如果沒有適當的宣傳，要獲得良好的銷售量也是極其困難的。因此要吸引顧客的注意力，就必須進行自我宣傳。

POP 是一種非常好的宣傳商品、展現產品品牌形象的道具。POP 廣告是許多廣告形式中的一種，它是英文 Point of Purchase Advertising 的縮寫，意為「購買點廣告」，簡稱 POP 廣告，並被譽為「無聲的店員」和「最忠實的店員」。

POP 廣告指的是在購買場所、零售商店的週圍、入口、內部以及有商品的地方設置的廣告物，比如商店招牌、門面裝潢、櫥窗、商店裝飾、商品陳列、招貼、傳單刊物、表演以及有線廣播、錄影播放等。

在購買場所和零售店內設置的廣告物。它們又分為兩類，第一類是平面廣告，如招貼、掛旗、宣傳手冊、條幅；第二類是立體廣告，比如商品模型、燈箱、展示卡、台卡等。

儘管商品的製造商在推出商品時已經利用各種大眾傳播媒體，對本企業或本產品進行了廣泛的宣傳，但是有時當消費者步入商店時，已經將大眾傳播媒體的廣告內容遺忘。此刻如果在櫃台內擺放了商品的相關 POP 廣告，其強烈的色彩、美麗的圖案、突出的造型、幽默的動作、準確而生動的廣告語言，可以喚起消費者的潛在意識，使其重新記憶起商品的好處。

另外，消費者到櫃台購物，有些是有著既定目標的，也有相

當多的人是臨時決定購買的。這種臨時決定往往與銷售現場的裝飾效果、商品展示、熱烈銷售氣氛的刺激是分不開的，所以位置突出、視覺衝擊力強的 POP 廣告，將在消費者面對諸多商品無從下手時，具有促成其下決心購買的作用。

　　根據一項調查統計顯示，使用 POP 廣告之後，商品銷售總額可以有效地增加 30%。對於具體商品來說，堆頭陳列的商品採用 POP 廣告時，促銷的效果最為明顯，可以增加銷售額 45%；而對於貨架陳列的商品，採用 POP 廣告時，也能夠增加 5%的銷售額，擺放了 POP 廣告品以後，店鋪或櫃台的客流量可以增加 5%～10%。

　　我們在使用 POP 的過程中，必須要注意：

　　第一，要及時更新和替換。POP 時效性非常強，很多都是以季節、節日作為 POP 的主題。所以一旦促銷期已經過去，就必須及時更換 POP。擺放或懸掛過期的 POP 廣告無異於為自己櫃台做反面宣傳，給顧客留下管理不善、服務質量差的印象。

　　第二，POP 的擺放不要喧賓奪主。因為 POP 的作用只是為了強化產品，它只是產品的點綴品，所以我們考慮其擺放位置時要遵循以產品為主、POP 為輔的原則，既把 POP 放在醒目的位置，但也不能影響產品陳列的效果。

　　POP 的擺放有不同的要求，比如：

招貼：首選店堂的玻璃門上、店內的柱上、收銀櫃上及產品
　　　陳列櫃前。

掛旗：首選店門上方約 2 米左右處、店內的貨架頂部邊沿及
　　　在店堂上，應交叉懸掛。

台卡：首選進店櫃台顯眼處及產品陳列前。

展牌：首選店門外兩側和進店後門內兩側，以及產品陳列櫃
　　　台的轉角處。

條幅（燈箱）：首選店門處兩側，以及產品陳列櫃台上方。

宣傳手冊（單頁、三折頁）：產品陳列櫃、地櫃顯眼處。

四、營造動感的影像

　　要增加活躍的氣氛，除了播放音樂，我們還可利用電視播放有關食品製作的廣告宣傳片段，以吸引顧客的注意力。

　　日本銀座地區是世界聞名的商業區，號稱「購物天堂」，這裏的最大特色就是，所有的百貨商場不單是銷售中心，而兼爲資訊中心，其做法是在商場內裝有百餘個螢光屏，不停地播放音樂錄影帶，以及要推銷產品的資訊。幾乎每個角落都安放了螢光屏。這些頗具動感的影像給銀座增添了無窮的魅力，也因此吸引了大批的顧客，其中尤其以年輕人居多，因爲年輕一代是與電視錄影一起長大的，他們對於電視有著非常特殊的感情……

　　現在大部份超市、商場都有類似於日本銀座的做法，在電視裏不停地循環播放與產品相關的錄影。不斷重覆的圖像、文字、聲音，可以加深顧客對產品的認識。

　　播放影像的另一個好處是可以取代店員的解說，因爲事先拍攝好的影像必然會比現場演示和解說更具邏輯性、更清晰自然，而且顧客也可以自由地選擇看與不看，使顧客感到舒服和自由。

　　運用電視播放錄影確實能給櫃台營造出良好的氣氛。一般來說，在櫃台播放錄影時，都是由店員來進行操作的，所以作爲店員也要時刻留意電視的播映情況。要讓錄影播放達到預期的效果，店員必須注意三個方面：

　　一要注意電視機的位置。電視機要對著入口處，這樣無論是經過的人，還是出入的顧客都能看到畫面，從而達到宣傳的效果。同時，還要注意電視機不能遮擋住產品，影響顧客拿放。

　　二要注意聲音的大小。要注意隨時調整聲音，櫃台內顧客多一點的時候，音量可以稍微放大；如果顧客較少，聲音就要適當地調小。總之要記住一個原則，不能影響你和顧客的交流。

三要注意畫面的穩定。如果播放的畫面經常跳動、停頓,就會留給顧客一個不良的印象。所以店員要隨時留意畫面的播放情況,發現播放不正常時,要立即處理,更換另一張影碟重新播放。

📢)) 第三節　店員要如何配合促銷活動

爲刺激消費者,商家們處心積慮,爭相推出各種各樣的銷售形式,例如:優惠卡、貴賓卡、限量銷售、減價、打折、饋贈禮品、店慶、季節性優惠酬賓等等。無論是那種促銷方式,店員在執行促銷活動時都要嚴格做到以下幾點:

1.活動前的準備

(1)認真瞭解活動目的、時間、方法、商品知識(用於新產品促銷)等細節,確保對促銷內容及要求有清楚的認識。

(2)領取活動用具及促銷宣傳品並簽名登記。

(3)將各種宣傳品、輔助用具運抵促銷賣場。

(4)隨時聽從店長就活動事宜做出的安排。如果是店中店則要與商店事先聯繫好,就活動事宜做出妥善安排。

2.活動的執行

(1)嚴格按照商店的要求執行促銷活動。

(2)著商店制服並統一佩帶胸卡。

(3)將活動用 POP 貼於或懸掛於醒目的位置,以營造良好的促銷氣氛;促銷禮品、宣傳品需要擺放整齊、美觀,以便於顧客拿取,促銷商品一定要擺放價簽。

(4)態度積極地向顧客散發宣傳品、介紹活動、推銷商品,語言要親切得體,不可擅自離崗、脫崗。

(5)對所有促銷禮品的發放需有效管理,要及時登記;贈出的

禮品數量則要與售出商品相符合。

(6)促銷過程中如出現問題，應及時向店長彙報並儘快解決。

3.活動結束後

(1)收拾好促銷物品和設備，清理促銷賣場衛生。

(2)根據商品數量的記錄賬卡，清點當日商品的銷售數量與餘數是否符合；同時清點當日剩餘的促銷用品、宣傳品並及時申領不足的用品，仔細保存。

(3)交還促銷用品時必須登記，對非易耗促銷品的毀壞、遺失需做出解釋或賠償。

(4)填寫當日促銷活動報告，記錄促銷銷量及贈出禮品，並請店長簽字。

🔊)) 第四節　與客戶建立良好的關係

客戶就是企業的衣食父母，若想事業上取得成功，就必須把客戶的需求放在很重要的位置上，滿足他們的要求，讓他們對自己放心，從而將客戶永遠留住。

與客戶建立良好的關係，使客戶忠於本企業，是企業獲得成功的一大法寶。

無論是從金錢上還是從精神上來說，和客戶建立人際關係是一個不斷自我豐富的過程，並且往往是雙贏的結果。但是，有些時候它卻極富挑戰性，必須付出極大的努力，這一努力的關鍵在於滿足或超出客戶的預期。

有位婦人，每週都會固定到一個小雜貨店裏購買自己需要的日常用品，但是有一次因為服務員對她態度不好，於是她再也不光顧這有雜貨店了。10年後，這位婦人把自己不來店裏消費的原

因告訴了老闆，老闆非常耐心的聽完並向這位夫人道歉。隨後，老闆算了一筆賬，假設這位婦人每週都到自己的店鋪裏消費 20 美元，那麼 10 年下來，自己的損失將近 1 萬美金。因為服務態度不好而氣走一位顧客，這在一些商家看來，似乎無關緊要。實際上，路上行人都是會說話的，商家若服務態度、服務質量有問題，一傳十、十傳百，商家也就沒有了信譽。

顧客滿意是商家的根本，建立良好的客戶關係是需要用心經營的，以下幾點就是好的實用步驟：

1.**讓客戶實實在在地感到你的商品或服務有價值。**客戶忠誠於你，其首要的最為明顯的理由是價值。要能夠在同樣價格水準上，從選擇的商品或服務中獲得比競爭對手所能提供的更大和更真實的價值，就要讓他們確實感到物有所值。

2.**珍惜和客戶建立的關係。**為了獲得客戶的忠誠，選派最好的員工加強和客戶的聯繫，花費大量的時間拜訪單個或成組的客戶，和他們進行交流。

3.**瞭解客戶需求的變化。**客戶的忠誠度很高的企業，都是大量投資於如何瞭解客戶需求變化的企業。他們採取各種措施，走訪自己的客戶，積累客戶的需求資訊，瞭解每個客戶的不同特點，並提供相應的個性化服務，以求留住自己的客戶。

4.**客戶的成功就是企業的成功。**讓客戶意識到他們的良好表現與企業的表現是相互依賴的。要努力強調，客戶的成功就是自己的成功，而且自己的成功源於自己客戶的成功。

5.**努力加強相互之間的聯繫。**一旦與某一客戶建立了重要的關係，就要尋找能夠強化這種聯繫的產品和服務，使這種聯繫不斷得到加強。理想的情況是，企業與客戶應該有多層關係，讓他們有更多的接觸機會。

使客戶忠誠於本企業，是企業取得成功的一大法寶，它使企業能夠集中精力發展並贏得能為組織增加價值的新客戶，而不只

是補充失去的客戶。

第五節　如何善用顧客檔案加以促銷

　　店員要妥善處理顧客資料，並且善用顧客資料，掌握各種時機加以促銷商品。

一、建立顧客檔案的重要性

　　店員在獲得了顧客的資料之後，就應著手建立顧客檔案。顧客檔案是店員將搜集到的顧客資料進行歸類、整理、造冊，以便長期保存，有助於推銷、販賣。其重要性表現在以下幾個方面：

1.有利於店員方便地工作

　　店員的推銷工作離不開顧客，離不開有關顧客的各種資訊資料。因工作繁忙，勞動強度大，如果店員不經常對顧客資料進行整理、建檔，那麼，辛辛苦苦搜集到的顧客資料就會因為雜亂無序而不能發揮作用，變為「死料」；也可能會因為工作的繁忙，時間的推移，造成資料的遺忘或丟失等，以至失去與顧客的聯繫。因此，建立顧客檔案，不僅能使雜亂的顧客資料變得有序、一目了然，而且還使顧客資料得到了很好的保存。當店員需要時，可隨時查閱，方便推銷、販賣工作。

2.有利於店員發現理想的顧客，提高推銷業績

　　店員在開發新顧客時，應集中力量開發最有可能購買推銷品，並有實力的顧客。所謂有實力的顧客，是指他們不僅需要並有能力購買，而且是能長期地、大量地購買。因此，店員要對顧客的基本情況，如資金狀況、經營狀況、銷售實力、信用狀況等

進行認真研究。顧客檔案都較詳盡地記載了顧客的有關基本情況，它是店員進行此項工作的有力依據。店員則可根據顧客檔案資料，仔細分析、鑑別、篩選出最合格的顧客，有利於提高店員的推銷業績。

3.有利於推銷人員建立並擴大穩定的顧客隊伍

建立並擴大穩定的顧客隊伍，其秘訣之一就是經常與顧客聯繫。俗話說：「一回生，二回熟，三回見了是朋友。」雙方交往的次數多了，自然就會成爲朋友。店員經常整理顧客資料，並依據這些資料，向潛在的顧客進行聯繫。例如，通過拜訪，傾聽顧客的意見要求，幫助顧客解除困難；在顧客特殊的日子，如生日、結婚紀念日、教師節等，寄送賀卡，以示關懷和祝福；有空打個問候電話、寄張明信片等。店員與顧客勤聯繫、勤溝通，這不僅會使店員與顧客的關係越來越親密，而且還會提升顧客對店員及其所代表的企業的滿意程度、信任感和忠誠度，最終達到建立擴大穩定的顧客。

4.避免因推銷人員變動而造成顧客流失

在現實工作中，有的企業因對顧客資料未能整理建檔，統一管理，故在店員離開企業後，造成大量顧客流失，並由此遭受較大的損失。因此，商店對顧客的有關信息資料，一定要加強統一的建立檔案工作，以加強與顧客的聯繫與管理，避免顧客流失。

總之，建立顧客檔案不僅方便店員工作，將「死」資料變爲「活」資料，開發更多有實力的顧客，而且有利於店員更好地與顧客聯繫、溝通、提供服務，提升顧客的滿意、信賴和忠誠的程度，建立並擴大穩定的顧客隊伍，同時，還利於企業加強對顧客的管理，避免因店員流動而造成顧客流失。

二、顧客檔案的建立

店員在尋找顧客的過程中，搜集到大量的顧客信息。要讓這資料充分地發揮作用，必須按照一定的內容、形式、對資料進行分類整理，建立顧客檔案。

1. 建立顧客檔案的形式

顧客檔案一般有兩種形式：一是條文式，二是表格式。條文式的顧客檔案，內容詳盡，便於存檔查詢；表格式的顧客檔案，內容較詳盡，重點突出，簡單明瞭，不僅便於存檔查詢，還便於店員隨身攜帶。

2. 顧客檔案的主要內容

建立顧客檔案，無論是條文式，還是表格式，都應包括以下主要內容：

⑴基本情況

內容包括顧客姓名、性別、籍貫、出生年月日、工作單位、任職部門、職務、職稱、工作內容、性格愛好、起居習慣、體貌特徵等。

⑵聯繫方式

內容包括工作及住宅所在地、電話、傳真、網址、個人手機號碼。

⑶受教育情況

內容包括文化程度、就讀學校、所學專業、學術成就以及任課教師、同學錄等。

⑷婚姻狀況

內容包括婚否、夫妻感情、結婚紀念日、配偶的姓名、受教育程度、工作單位、部門、職務、職稱、性格愛好等。

⑸子女及家庭其他主要成員情況

包括子女家庭其他主要成員的姓名、性別、出生年月日、受教育情況、就讀學校、工作單位、職務、性格愛好等。

⑹經濟情況

若是個人顧客，內容包括家庭財務情況、投資情況、債務情況等；若是團體組織，則應瞭解該團體組織的生產經營規模、儲運能力、銷售實力、投資情況、市場佔有率及融資能力等。

當然，掌握顧客資料是越多、越細、越好，對陌生的新顧客的資料，要一點一點地不斷補充，以儘量全面瞭解、掌握顧客。

三、建立顧客檔案的方式

建立顧客檔案，實際上是店員將有關顧客的「死」資料，變為「活」資料的信息處理過程。在具體操作方式上，一般有手工抄寫和電腦存檔兩種。手工抄寫的建立顧客檔案，可在尋找顧客時一步到位，隨時補充，適時分類，然後存檔。電腦存檔也是以搜集來的資料為準。

隨著電子電腦技術的普及與應用，顧客的有關信息資料，將越來越多，使用電腦進行整理、建檔，它具有內容齊全、建檔規範、查詢方便、易於保管等優點。

四、建立顧客檔案需要注意的問題

建立顧客檔案必須注意以下問題：

1. 建立顧客檔案的信息資料必須準確、詳盡。
2. 建立顧客檔案時，無論採用那種形式，其檔案資料後必須留有空白處，以便作為日後補充內容之用。
3. 無論採用那種方式建立顧客的檔案，店員必須據此製作簡

易攜帶資料，以便於外出拜訪顧客時使用。

4.建立顧客檔案時，要註明填寫時間、製作人、另外還要特別註明最易成功的資料。

5.備份資料，以防丟失。

五、擴大客戶服務

平時的各種交易活動與服務機會，店員都要加強服務績效；爲鞏固老客戶起見，應執行有計劃的耕耘活動。

1.計劃性活動

⑴每月設定重點商品，由客戶資料卡挑出可能成交的客戶。

⑵設定重點商圈，以地毯式方式徹底設法使商圈內的住戶都成爲顧客。

⑶設定嚴密的訪問計劃，並檢討訪問次序、訪問日期、訪問時間，作有效而徹底的拜訪。

⑷淡季或較閑時應多加分析客戶卡，創造需要。

⑸每月應檢核卡片的增加張數。

2.親切的訪問活動

⑴貿然地進行推銷工作，會讓對方有抗拒心理，故先不進行推銷工作，只要進行日常的訪問活動，就可達到訪問推銷的目的。

⑵針對準客戶進行訪問工作，目的爲：

①針對顧客新購買之商品的服務。

②指導產品的正確使用方法。

③商品的詳細檢查，保養狀況。

六、訪問推銷的好機會

平時與客戶維持良好關係,就會創造出許多銷售機會,例如:

1. 日常訪問或是送貨、收款、服務,都是進行訪問客戶的最佳機會。
2. 新產品的介紹、展示會、大拍賣的招待。
3. 曾來買過商品的顧客,即可以服務檢查的名義前往拜訪。
4. 利用詢問店裏的修理服務狀況的機會。
5. 以對商品保養狀況的問卷調查爲名義拜訪。
6. 藉慶祝生日、入學或結婚等的祝賀時機前往訪問。
7. 對於承購商品的客戶寄出謝函:
   某商店對承購商品顧客區分爲「剛賣出後」、「一個月後」、「一年後」,共三次寄送書面感謝函,並指導如何使用與簡易保養方法。
8. 汽車推銷爲加強與客戶之聯繫,在賣車後一個月內、第三、六、八、十、三十、四十二個月,各給予客戶不同的 DM 卡,提醒應注意的汽車保養服務事項。
9. 在每年八月,各級學校入學考試放榜後,即針對顧客子女上榜者,寄上一封祝金榜提名的賀卡,並趁機推介最適合學生賀禮的各型收錄音機。
10. 配合客戶雙親慶祝六十或七十大壽時,寄上賀卡,順便推銷電動按摩椅、電子血壓器等保健用品。

第 **7** 章

店員的販賣技巧

 第一節　整個商品交易的工作流程

商品賣出之後，並不表示販賣即告終了。客戶對於商品及店員之待客服務都能很滿足，且使客戶有再來本店購物的慾望時，才能稱得上是漂亮地完成販賣。

完成販賣應該是本次販賣與下次再找上門來的一個接續點，也是做生意之非常重要的一點。

一、讓顧客滿意的四個確認

最後的成交階段，我們的主要任務是要給顧客留下好印象，爭取讓顧客成為回頭客。要想讓顧客成為回頭客，我們首先要做好四個方面的工作：確認交易的貨品；確認價格；確認包裝無破損；確認使用方法。

1. 確認交易的貨品

確認交易的貨品是指在顧客決定購買服裝時，要向顧客徵詢

意見，是否要購買的就是該產品。這樣可以使顧客購買的商品和需付款的商品吻合，避免出差錯。

2. 確認價格

不打折的商品，要出示價格牌；打折的商品，要當面計算，並將打折後的價格告訴顧客。

確認價格這個環節也是不可缺少的。如果顧客沒有看清楚價格就付款，那麼很有可能一走出商店的門就會後悔，甚至認為是你在惡意欺詐。因此，我們要讓顧客認同所購買商品的價格。對於不打折的商品，在付款前，需要向顧客出示它的價格牌；對於打折的商品，要當著顧客的面進行計算，並將打折後的價格告訴顧客。只有這樣，顧客才會覺得是在明明白白的消費。

3. 確認包裝無破損

顧客在付款前，還需要讓他們確認包裝有無破損。如果是服裝，要讓顧客仔細察看紐扣、線口、拉鏈等；如果是食品，其包裝的完整性顯得尤為重要，因為包裝會影響商品的保持期。付款前檢查一遍，就可以有效避免糾紛。若發現包裝有質量問題，要馬上更換，並向顧客說明原因，請求諒解。

4. 確認使用方法

有些產品在使用時，可能需要一定的操作流程和注意事項，比如某些服裝的洗滌、電器的使用等，作為店員，你必須在顧客付款前向其重申這些操作程序和注意事項，並強調不當使用引致的後果，這樣可以有效地避免糾紛。

二、販賣關連商品時的推薦工作

當客戶決定購買之時，對於有關連的商品也一併推薦，會有雙重的效果。

1. 對於已經購買的商品，如果有相關的商品一併在此時加以

推薦的話，那這種相關的商品也很容易地被賣出。

　　2.即使顧客此時不買這個相關商品，下次來店時一定有機會推銷出去。

三、收取款項

　　顧客決定購賣後，接著就到了店員向顧客收取金錢階段，這時，有件事千萬不能忘記，那就是向顧客拿到錢後記得把金額細數一遍說出來（例如「收你 500 元」），免得在找零的時候發生爭吵時，少了解決的證據。

　　金錢的紛爭，會使再好的服務都付之一炬。而且除引起顧客不快外，有時會損及整個店面的信用，所以，金錢的處理一定要小心才可以。下列是接客應對的順序，介紹收取金額時有關的留意點。

　　1.**確認賣價**

　　客人決定買了之後，將吊牌上的價格顯示給客人看，並說出金額數字，在口頭上做一確認。因為，顧客中偶爾會有人少看一個數字，因此確認一下比較好。

　　2.**確認收到的錢**

　　從客人那兒收到錢後，一定要說「謝謝您，收您××元」出口確認一下金額。如果心想反正已經知道就不用再重覆了，待會兒顧客若說給的是 1000，你說 500，這樣一爭執起來，就無法收拾。

　　若顧客交給你的金額 400 元正是商品價錢的話，那麼就說「剛好收你 400 元」來確認。

　　3.**拿錢給收銀小姐時，再確認一次**

　　從顧客那兒收到的錢，要拿給收銀員結賬時，再次說「3600元，收你 5000 元」做確認。

4. 在收銀處把找錢確認一遍

將賣出的商品包好後，從收銀那裏接到要找的錢，一定當場確認一遍，比如說：收你 5000 元，找回 1400 元。

5. 將找的錢一邊拿給客人一邊確認

找錢給客人的時候一定要說「讓您久等了，找您 1400 元」，出聲確認交給客人。找回的金額較多的時候，要當著顧客的面一張張數過後再交給客人，並加說「請清點一下！」，促使客人也能自己確認一下找回的金額。

只要忠實地遵守以上五點，就不致發生金錢收授的糾紛。不要以麻煩或者太忙為理由，懶於在金錢上做確認，而惹來不必要的困擾，所以要特別注意。

四、包裝商品

拿取商品必須仔細認真，不可有絲毫馬虎。在包裝商品時必須(1)細心地處理。(2)乾淨利落地處理。(3)很容易攜帶的包裝方式，這些都是應該注意的。

要保證商品在路途不會破碎。對於一些玻璃陶瓷的器皿，你要用碎紙條、牛皮紙、泡泡膠作為間隔，並配以堅硬的紙盒。對於一些農產品、肉類或是其他易漏灑的商品，要以獨立的塑膠袋裝盛。

五、充分地表現出感謝的心情

是否真正的感謝，可從談吐、態度中自然地表現出來。

當客戶購買東西的時候，必須表現出相當感謝的態度。但是有些店員，雖口中說「感謝您的光臨」，但他的表情與表現出來的態度中，却絲毫也沒有給人一種感謝的感覺。感謝的態度應該從

談吐及臉上的表情充分表現出來，而不是擺出虛偽的態度。

六、送客

收款後，店員最後的工作就是送客。

1.首先答謝顧客的購買

顧客在付錢後，在心理上有一種很矛盾的心情。他們會有興奮感，因為即將擁有一個屬於自己的東西。但是他們付出了金錢，所以顧客在潛意識裏也會有一種失落感。所以，我們要充分瞭解顧客的這種心理，在收款後向其表示感謝，比如說「謝謝您的惠顧。」

2.提醒顧客

在顧客拿好商品後，我們還要提醒顧客，是否有落下的東西。比如說:「您的東西都拿齊了吧？」這是一句溫馨的提示，如果顧客是丟三落四的性格，會因你的貼心提醒而為你的櫃台加分。

3.行禮

在顧客轉身離開時，我們要稍稍彎腰行禮，說:「慢走，歡迎下次再來。」表示送客。

🔊 第二節 顧客購買心理過程八階段

店員要研究出一套應對顧客的銷售技術，必須先瞭解顧客購買商品時的心理變化過程。假如你掌握不了這種心理，那麼，就絕對沒有辦法對顧客做巧妙的應對。

先瞭解顧客的心理變化過程，再針對這個過程運用推銷技巧，店員的販賣就會成功。

第一個階段：注視

顧客如果想買一件商品，他一定會先「注視」這件商品，亦即在經過商店門口時，注意看店內櫥中所陳列的商品，而後進入店裏面，請店員拿出自己中意的商品，再反覆看……，這就是購買心理過程的第一個階段。

第二個階段：興趣

顧客注視商品之後，便會對它產生興趣。此時，他們所注意到的部份，包括商品的色彩、式樣、使用方法以及價格……等。當顧客對一件商品產生興趣之後，他不僅會以自己好惡的感情去判斷這件商品，而且還會加上客觀的條件，以做最合理的評斷。

第三個階段：聯想

顧客如果對一件商品產生了濃厚的興趣後，他就不會再停留於「注視」的階段，而會有以手觸摸此件商品的慾望，繼而就會從各個不同的角度去觀察它，然後再聯想起自己使用這種商品時的樣子，於是便不知不覺的興起一種興奮的感覺。

例如，看到一件漂亮的毛衣時，便會想：「下一次我穿這件衣服去公司，大家一定會對我大加讚美，嗯！太棒了，我非買下它不可……」經過裝潢店時，看到鮮豔的窗簾布，便想：「這種窗簾布如果掛在我房間裏，一定會使得整個房子增色不少，住起來更會感覺到非常舒服。」就像這樣，顧客常常會將商品和自己的日常實際生活聯想在一塊兒。

這個「聯想」的階段非常重要，因爲它直接關係了顧客是否要買這種商品，例如：當一位準媽媽到百貨公司的嬰兒用品部閒逛時，她看到那些琳琅滿目、漂亮可愛的衣服、玩具，一定會心花怒放的想：「我的寶寶手裏拿著這些玩具，身上穿著這些衣服，他一定會很高興的……。」因此就一邊走一邊想，而且在不知不覺中，便將這些商品一件一件的買下來了。

因此，在顧客選購商品時，店員應該適度的提高他的聯想能

力，這也是銷售成功的秘訣之一，方法是把玩具試給顧客看、把商品用給顧客看……，這些方法都是提高顧客聯想力的一種手段。

第四個階段：慾望

當顧客對某種商品產生了聯想之後，他就開始需要這件商品了，但是，他是不是在這個時候就會對店員說「我要買這個東西，你幫我把它包起來」呢？顧客的心理當然不可能如此單純，在他產生了擁有這件商品的慾望時，他會同時產生懷疑，如：「這件東西對我合不合適？」、「是不是還有比這個更好的東西呢？」等，然後他的心裏，就會描出一種理想的圖案，而形成一種願望。

疑問和願望，會對顧客的心理產生微妙的影響，而使得他雖然有很強烈的購買慾望，但卻不會立即決定購買此種商品，而是將心境轉入下一個「比較檢討」的階段裏。

第五個階段：比較檢討

當顧客產生了購買某種商品的慾望後，就會開始在心裏將商品做個評判，並與其他物品相比較：「這種東西是不是很適合我呢？」「這個東西是不是最好的？有沒有比它更好的呢？」……於是顧客就會用手摸摸、用眼睛看看，甚至在腦中浮現出曾經看過的此類商品，來彼此做個比較，比較的內容有：色彩、尺寸、質料、價錢、大小……等。

在「比較檢討」的這個階段裏，也許顧客會猶豫不決、拿不定主意，此時，就是店員為顧客做諮詢服務的最佳時機了，也就是說店員應該適時的提供一些意見給顧客，讓他做個參考。

顧客在做「比較」工作時，通常都喜歡到處看看、摸摸，所以店員應該特別注意商品的陳列方式，要整齊、容易看得清楚。

目前許多百貨公司家庭用品部門的商品陳列法，已經由依材料區分，進步到依用途區分了，這就是考慮到使顧客方便做「聯想」及「比較檢討」而做的改變。

第六個階段：信心

顧客做了各種比較工作之後，他就會覺得：「嗯！這種東西的確是不錯。」於是便產生了信心。一般來說，顧客所以會產生信心，是來自於三方面的。

第一、相信店員。店員如果能對顧客提出建設性的建議，顧客便會信賴他，例如，店員說：「這種電子鍋非常好用，煮一次飯可以保溫全天，讓您每日都吃到熱騰騰的三餐，而不必爲了洗米、煮飯浪費大量的時間。……」並且說話時要盡量誠懇，語調清晰，如此才能打動顧客，顧客也就會因此而信賴店員了。

第二、相信商店或製造商。一般來說，年輕人迷信牌子，而年紀大的人則注重商店的信用。這和商店平日的宣傳，以及店鋪、製造廠商的知名度有很大的關係。不過，最重要的還是商店本身的信譽，因爲即使是迷信牌子的年輕人，如果他受騙幾次，那麼他一定會對此牌之商品產生厭惡情感。所以，商店及製造廠商必須時時做好品質管制，保持產品的品質，才能永遠吸引顧客。

第三、相信商品。顧客如果用慣某種商品，並覺得它不錯的話，就會一直用下去，這就是對商品有信心的表示。這種相信商品的人，大多是自認爲擅於挑選商品的顧客。

第七個階段：行動

所謂「行動」就是顧客在心中決定購買此種商品，並且具體的對店員說：「我要買這個，請你幫我把它包起來。」同時當場付清價款。這種購買行動，對店員來說，叫做「成交」，也就是雙方交易完畢的一種表示。

成交的關鍵，在於能不能巧妙地抓住顧客的購買時機，假如能夠把握這個時機，便能很快的把商品銷售出去。但如果失去了這個好機會，就可能使原有希望成交的物品，仍然滯留於店內。所以，商品是否能在適當時機銷售出去，就要看店員如何運用自己的手腕了。

第八個階段：滿足

所謂的「滿足」有兩種：一種是顧客在購買商品以後所產生的滿足感；另一種是使用商品時所得到的滿足感。

購物後產生的滿足感，又可分為兩類：一種是顧客認為購進的商品的確很合用，因而產生出滿足的感覺；另一種是由於店員親切的應對態度，給予顧客滿意的感受。

假如顧客到一家商店購買物品之後，能得到上述兩種滿足感，那麼當他再缺乏任何物品時，就一定會首先想到這家商品，而成為此店的固定顧客了。

以上就是「顧客購買心理過程的八個階段」。有人認為「購買心理過程」，到第七階段的「行動」就算完成了，假如把包裝、付款、乃至店員送顧客出門的過程都算在銷售工作內的話，那麼「購買心理過程」就應該包括「滿足」這一項。

一般來說，顧客在購買商品時，都會有心理的變化過程。但是，由於顧客及其所選購商品的不同，購買心理過程也會有所差別，亦即有人會跳過若干個階段，而有的人則會一再的重覆某個階段。

但是，經過詳細的調查，就可以發現這種屬於例外的心理變化過程，也可以歸納成幾個固定的模式。因此，幾乎所有的顧客動態，都可包括在「顧客購買心理過程的八個階段」裏。

🔊)) 第三節　如何善用銷售技術八階段

顧客購買的心理變化，有一定的過程，店員需要因應「顧客心理變化」而採取相對的銷售技巧。

希望店員們根據「購買心理過程的八個階段」，研討出一套

應對顧客的方法，使其成爲「科學的銷售技術」。

圖 7-3-1 很明顯的區分爲上、下兩部份。上面就是「顧客購買心理過程的八過階段」，下面則是店員在各個階段裏，應對顧客的各種動作。希望你能仔細觀察上、下兩部份關係。

圖 7-3-1　購買心理過程的八個階段、應對顧客的方法

現在，請你先看從顧客的注視商品到對商品發生興趣爲止，店員爲了雙方的接觸所以做的**「待機」**工作。

當顧客踏入店中時，雖然店員應該很熱情的向顧客說「歡迎、歡迎」來做初次的接觸。但是這個時間不可過早，也不可過遲，因爲過早會使顧客產生戒心，而過遲則往往會使顧客減低購買興趣。

迎接顧客的最佳時機，應是在顧客對商品產生興趣時，因此我們把**「初步接觸」**，寫在興趣與聯想之間，我想你應該可以體會其中的意義吧！

接下來，店員就該讓顧客觸摸商品，並問他：「你喜不喜歡這條項鏈呢？」「你想不想買下這個玩具，擺在你的床頭櫃上呢？」這就是所謂的**「商品提示」**。而做商品提示的適當時刻，是在顧客興起聯想與產生慾望之間。

「商品提示」並不是只把商品給顧客看看就好了，而是要設法提高顧客的聯想，並儘量刺激顧客的慾望，一定要做到這兩方面，「商品提示」才有其存在的價值。

此外，店員還要時時問顧客：「你覺得這種東西好不好啊？」「這個怎麼樣呢？」這也是探測顧客慾望大小的一種手段。

如此，在把握了顧客的慾望後，再把顧客所想要的商品做個簡單的介紹，並且說明你所以推薦此種商品給顧客的理由，此階段即是**「商品說明」**。

其實從「商品提示」開始，到後來的「成交」階段，一直都包括了「商品說明」在內。

「勸說」是遊說顧客購買商品的一個重要階段，因為許多顧客雖然心裏想要擁有這件商品的慾望，但是他們仍會有所懷疑：「到底這個東西是不是最好的呢？」，「那種牌子的會不會比這種好呢？」，於是顧客就會把各種廠牌、質料、價格不同的同類商品，放在一起做「比較檢討」。

在顧客做比較檢討時，店員要提供給他一些商品的情報，並且要向他介紹最適合的商品。因此，**「勸說」**階段可說非常的重要，它直接關係著顧客是否購買此商品。

顧客將許多商品做了比較後，如果他真的覺得你所介紹的商品是最好看的，那麼你就應該在此時開始巧妙的運用銷售要領，來說明商品的特性，而讓顧客認為他的確需要這種商品。

待顧客的心理進入「信心」階段時，店員就應該引導顧客進入**「成交」**階段，以結束購買活動，這是非常重要的一個步驟。此時，如果店員稍有遲疑，就很可能失去成交機會。

當顧客問：「這個多少錢？」並且要求你包裝、找錢時，雙方的交易活動就算完成了。但是，這個時候店員還不能夠將精神鬆懈下來，因為真正的銷售工作，是在送顧客出店門之後才結束的。

店員在上述一連串的應對活動中，如果能夠有效的應對顧客的心理變化，就能使銷售工作成功。

這種應對工作，就是「科學銷售技術」的基本原理，店員應該充分瞭解這些理論，並且儘量將其應用在實際的銷售工作上，才能成爲一個好店員。

從前在無意識狀態中所做的動作，如果能漸漸明瞭它的意義，那麼在應對客人、做銷售工作時，更能增加無數的樂趣，學到更多的技巧。

現在，請你再度翻到前面圖的地方，看看下面那個長方形，它表示商品及其陳列效果和店員的能力，代表兩者的平衡狀態。

當顧客在注視商品時，商品和商品陳列的效果可以發揮到100%，而店員的能力則毫無發展的餘地。但是，到了真正進行銷售工作時，店員以他自身的口才說服顧客購買商品，則二者之間的比率就慢慢發生變化了。

顧客的心理從注視到聯想，再進入慾望階段時，商品和商品陳列的效果就會慢慢的減弱（圖的白色部份漸漸縮小），而店員的能力慢慢的發揮出來（斜線部份愈來愈大），直到送顧客出門爲止，店員的能力就可以發揮到百分之百了。

因此，顧客的心理愈是進入後半部，店員的態度和動作愈是容易左右顧客，例如，王太太家裏已經有一隻吹風機了，所以她實在不需要，也沒有必要再買另一隻新的吹風機。可是今天下午她經過電氣行時，看到了好多漂亮的吹風機，本想看看就走，但店員卻走出來親切的招呼她，並且誠懇的介紹一種新型的吹風機，於是她便高高興興的提著新吹風機回家了。

陳太太家裏的熱水瓶昨天被小孩摔破了，所以她今天特別到百貨公司，想買一個新的熱水瓶。她在家庭用品部門東摸摸、西看看的時候，沒想到突然衝出一個店員對她說：「太太，請你不要亂摸好不好？萬一碰壞了你願意賠嗎？」聽了這句話之後，陳太

太的購買慾望頓時消失，然後一句話也不說的拎著皮包走了。

　　我想你一定可以從前面兩個例子中，充分看出店員態度對顧客心理的影響是多麼的大！

　　既然店員的態度對顧客的心理具有莫大的影響，邪麼店員就應該儘量去瞭解顧客的心理，並且以自己的誠心去對待顧客，如此一來，顧客才會產生購買慾望。

📢 第四節　等待顧客時，店員應有的做法

　　顧客未到來時，店員應做好各項準備工作，等待有利時機來臨。

　　店員在掌握了顧客的心理活動過程後，就能根據顧客購買心理變化的過程，採取恰當的接待步驟，熟練、順利地招呼客人。店員對顧客的接待工作由等待時機、接近顧客、提示商品、介紹商品、提出建議、買賣成交、收取貨款與交貨、送客階段構成。

　　「等待時機」並不是「等待顧客到來」的意思，而是「整理準備、等待機會到來」的意思。所以接待工作從顧客進店之前就開始了，在沒有顧客時店員可進行以下作業：①檢查商品；②整理、補充商品；③打掃整理櫃中和玻璃；④整理收銀台和票據等。

　　這些動作可增加商店的生氣，吸引顧客進店。在等待銷售時機時，應注意下面的事項：

1.店員在等待時，應保持正確的站立姿勢
等待時動機的正確姿勢是：
(1)雙腳自然稍開，以不感到累為好。
(2)雙手合於前方。
(3)雙手重疊置於前面。

⑷注意顧客的一舉一動。

2. 站立的位置要合適

等待顧客時的正確位置是：

⑴能對商品和顧客的活動一目了然。

⑵能看到顧客視線。

⑶能立即接近顧客。

應避免以下不正確的做法：

· 和同事聊天。

· 顧客上門了，仍不知道。

· 靠著櫃台出神。

· 讀書看報。

· 離開工作崗位。

· 打哈欠；掏耳垢。

· 對顧客進行評論。

3. 準備要充分

每個店員在接待顧客前一定要做好一系列的準備，包括：

⑴整理與補充商品

在沒有顧客臨櫃時，要將經過顧客挑選之後的商品重新擺放整齊，補充售出的商品，認真檢查商品質量。

⑵準備好各種售貨用具

要檢查包紮用品是否夠用；計量用具是否準確靈敏，固定放置，各種用具亦要檢查好、準備好，以便在接待顧客時，操作起來得心應手。

⑶做好櫃台貨架衛生

檢查櫃台貨架，及時將灰塵擦乾淨。

4. 做好準備

在等待的時機裏，每個店員要精神飽滿，並做到儀表優雅。著裝整潔，時刻做好接待顧客的準備。每個人在生活中、工作中

都有可能遇到不愉快、不稱心的事，但在工作崗位，就要精神集中，全心投入到工作中去。

不論店員在待機時間裏做什麼準備工作，都是銷售行為的輔助工作，應隨時注意是否有顧客走近，如果有顧客光臨，應立即停止手中的工作，全神貫注地迎接顧客。

第五節　掌握接近顧客的要領

在賣場的作業上，必須隨時注意有無客人光臨，不要一味的低頭專心作業而錯過了接待顧客的機會。店員的使命是賣出東西，而不是整理商品或傳票。

1.接近

所謂在櫃台販賣的「接近」，是指向顧客說聲「歡迎光臨」，並走向顧客之時。可是，什麼時候開口並靠近客人比較好呢？這時機如何拿捏，對店員來講是非常重要的一件事，也是非常困難的事。

假如招呼得太早，客人還沒決定要買，可能在他內心會產生「會被強迫的推銷」的感覺而急忙離去；反之，招呼太慢的話，會讓買者產生不了購買慾掉頭就走。

「招呼成功的話，等於銷售成功一半」。招呼成功的話，後面就可順利進行；反之，招呼失敗的話，接著的應答就困難得多。

2.適當的招呼

那麼，什麼時候，如何開口招呼比較適當呢？

招呼客人最好的時機，在八個階段中，以顧客的心理狀態位於「興趣」階段至「聯想」階段之間最為理想。在這之前的階段為「注目」，此時向客人出聲，顧客會率先提高警覺拔腿就逃。

反觀，這以後則成爲「慾望」、「比較檢討」的階段，似已經遲了。因爲，顧客從「注目」開始乃至「慾望」的階段爲止的這一長段的時間裏，很少會一直注視著商品等著人過來招呼。

所以，顧客的心理從「興趣」轉變成「聯想」之間，能適時接近的話，可輕易抓住客人的心、並引導他購買，可以說是非常有效的。我們要先觀察客人的態度或動作後，再來確認其心理狀態是否居於「興趣」與「聯想」之間，隨後挑選可接近顧客的最好時機。

3.掌握接近時機的要領

通常在銷售工作展開時，接近顧客可以掌握下列機會：

⑴顧客一直注視著同一件商品時

這個時候，正是招呼的機會。因爲，長時間只看著同樣的商品，證明顧客對那商品有「興趣」，或者他的心情已經到達「聯想」的階段。

這時招呼的方法爲，從顧客的正面或側面，不慌不忙地說聲「歡迎光臨」。若是認爲顧客已經進入「聯想」的階段的話，不妨用比「歡迎光臨」更能令「聯想」高漲的語句，例如「這個設計得很不錯哦！」這樣的語句來招呼也許較爲恰當。

⑵用手觸摸商品時

一直看著某件商品的客人有時會用手去觸摸商品，這表示他對那商品感到有興趣。顧客對引發他興趣的東西，往往會摸摸看來證實一下，利用此一習性，可以用來抓住接近的好時機。只是這時候，客人正欲接觸商品的刹那，或從背後趁其不備時出聲的話，恐怕會嚇到客人，先屏住呼吸一會兒，再從側面自然地向前招呼較妥當。

⑶從看商品的地方揚起臉來時

一直注視著商品的客人，突然把臉轉了過來，這意味著他想把商品拿在手上仔細看一下，想要店員過來的意思。這時可毫不

猶豫的大聲說聲「歡迎光臨」，這樣的招呼可說萬無一失，大部份可以成功。

⑷腳靜止不動時

在店內邊走邊瀏覽貨架上商品的客人，突然停下腳步，這時是向前招呼的最好時機，因為，他可能在找到了所想要的東西了。看清楚是什麼商品令他心動，趕快打鐵趁熱的向他招呼。

⑸像是在找尋什麼時

一進到店裏來，客人就左顧右盼似在找尋什麼時，應該儘早向他說聲「歡迎光臨，你需要什麼嗎？」招呼得越早，省去客人花時間尋找的麻煩，他心理會高興。店員也能做有效率的配合，可以說一舉兩得。

⑹和顧客眼睛碰上時

和顧客的眼睛正面碰上時，並不在購買心理過程的八階段任何一個階段裏面。還是應該輕聲說聲「歡迎光臨」。這雖然未必和販賣有所關連，但把它視為應有的禮貌，還是需要的。然後暫退一旁，等待再次向前招呼的機會。

以上就是六個接近的好機會。對於高價的商品可以把接近的時機再延後一些，低額的商品則必須再加快一些。這是因為，前者的價格較高，選擇性強的商品也較多，「購買心理過程的八階段」的出現較為緩慢之故，太早向前招呼的話，會引起顧客的一些不必要的警戒，結果反而會讓客人跑掉。

相反的，像後者為日常用品或食品類的時候，招呼要趁早，因為，這些都是價格低但購買率高的商品，從「注目」到「滿足」為止的階段，在短時間內出現，或者是其中一些被省略就出現了。

店員要把這六個接近方法當做一個原則，把握住招呼時機，在賣場內消化、變通，再做一番研究，形成自己的獨特本領。

表 7-5-1　如何接待不同類型的顧客

基本類型	基本特點	次要特點	其他特點
愛好辯論的顧客	對任何促銷的話都有異議	不相信促銷的話，力圖從中找出差錯	謹慎、緩慢地作購買決定
麻煩的顧客	心情（脾氣）明顯不好	遇到一點不如意的事就勃然大怒	其行動好像是預先準備好的誘餌
果斷的顧客	懂得他要的是什麼商品	確信他的選擇是正確的	對其他的見解不感興趣，希望業務人員的語言簡潔一些
有疑慮的顧客	不相信促銷的話	不願受支配	要經過謹慎的考慮才能做出決策
注意瞭解實情的顧客	對有實際根據的資訊感興趣	對促銷介紹的差錯非常警覺	注意查看商品上的品牌
猶豫不決的顧客	不自然、敏感	在特定的價格下購買商品	對自己的判斷沒有把握
衝動的顧客	會很快作出決定或購買	急躁、無耐性	易於突然停止購買
優柔寡斷的顧客	自行作出決定的能力很小	顧慮、不安，恐怕因考慮不週出現差錯	要促銷員幫助作出決定，要求售貨員當參謀
環顧賣場四週的顧客	看看有什麼新產品	不要促銷員說廢話	可能大量購買
拖延購買的顧客	往往要等到明天才能購買	對自己的判斷缺少信心	感到沒有把握
沉默的顧客	不願交談，只願思考	對資訊好像不感興趣，但卻在注意聽有關資訊	好像滿不在乎
考慮比較週到的顧客	需要與別人商量	尋求別人做參謀	對自己不確知的事情感到沒把握

第六節　用顧客喜歡的方式接近

　　打招呼是店員開展銷售工作的第一個步驟，可縮短與顧客之間的距離，從而在顧客心中樹立一個良好的形象。

　　無論對那種類型的顧客，無論是立即打招呼的時機如何，打招呼是店員開展銷售工作的第一個步驟，也是迎接顧客中最關鍵的步驟。你的招呼可以在短時間內縮短和顧客之間的距離，在顧客心裏樹立起一個良好的印象。

　　我們與顧客打招呼，目的是爲了告知顧客四個資訊：

- 我知道您來了！—— 你會隨時準備爲他服務。
- 你很重視他！—— 你會爲他熱情的服務。
- 你非常專業！—— 你的穿著得體，動作規範。
- 你是非常友善的！—— 你的態度和藹可親。

　　請記住：這位顧客可能是你今天接待的第 100 位顧客，但你可能是他在店內遇到的第一位店員。

　　也許你接待了很多顧客，可能會感到心情煩躁，但是你的顧客大多是帶著愉悅的心情走進來的，如果你的態度不佳，會把這種不良的情緒傳染給他，那麼這位顧客就因此對你、你公司產品產生不良的印象。所以作爲店員千萬不要把自己的不好的情緒轉嫁到顧客身上，你應該帶著與顧客同樣愉悅的心情去與他打招呼，熱情的接待他。

1. 你應該說什麼—— 常用句型

打招呼的常用句型：

- 歡迎光臨！
- 請隨便看看！

- 您好，××先生！
- 下午好，××小姐！
- 新年好，歡迎光臨！

當顧客走進櫃台時，我們通常可以用這兩個句子：「歡迎光臨」，「請隨便看看」。此外，還有一些特殊情況：在遇到熟客光臨時，最好以熟客的姓名打招呼，這樣可讓熟客有被重視和受歡迎的感覺，以說「您好，李先生」、「下午好，王小姐」等；如果在節日，爲了迎合節日的氣氛，我們可以先以節日來打招呼，比如說「新年好」、「聖誕快樂」，然後再說「歡迎光臨」。

2.你應該做什麼──七「要」原則

原則一：時機要把握

前面也提過當顧客行爲黃燈或是綠燈出現時，我們就可以跟顧客打招呼了。而紅燈信號出現時，我們只需維持常態就可以了，直到顧客行爲出現黃燈與綠燈時，我們再與其打招呼也不遲。

另外，要注意的是，一些價格低、購買率高的商品，其顧客群多是習慣性購買的，從注意到購買的過程相對較短。這類櫃台的店員與顧客打招呼的時機宜趁早。

原則二：距離要適中

這時我們要注意把握好與顧客的距離，這個距離最好在保持在 1.5～3 米之間，不遠也不近。可以讓顧客看見你的存在，又不會給他們太大的壓力。

原則三：眼神要接觸

直視顧客才能讓顧客知道你關注到了他的到來，讓他有受尊重的感覺。但要注意不要直愣愣地盯著顧客看，稍稍與顧客的眼睛接觸即可，你的視線最好位於顧客眼睛與鼻子之間的位置，千萬不要用眼睛上下打量顧客，那只會讓顧客反感。

原則四：要微笑、點頭

在打招呼時要保持微笑，在說話時頭部也要稍稍地點頭。

原則五：手要自然地擺放在身前

如果你正好在工作，比如在整理貨品、清潔等，當顧客出現時，應該馬上放下手中的工作，把手放在前面，再與顧客打招呼。

原則六：語氣要溫和、親切

無論是什麼顧客，無論其消費屬於什麼檔次，其態度如何，我們都應該一視同仁，打招呼時要保持溫和親切的語氣。不過由於顧客有著個體的差異性，所以在態度上我們也要注意因人而異。

當走進櫃台的是一個年輕人時，我們的神態可以顯露活潑、熱情；如果是異性顧客，你跟他打招呼的態度就要顯得莊重大方，讓對方感覺既親切又不輕浮；對於老年顧客，我們的態度就要穩重大方。當然，不同的語氣可能很難找到一個固定的標準，這只能靠我們在日常工作時多加注意和練習，自己摸索出其中的差異。

原則七：要與所有同行者打招呼

與顧客打招呼還要注意一個原則，就是要與所有同行者都要打招呼。很多時候，你遇到的顧客是與朋友、親屬一同前來的。不要小看這些同行者，他們的意見可能會影響顧客購買的決定，所以要給顧客留下好印象，對顧客同行者打招呼是非常重要的。顧客會感覺不但自己受到重視，自己的朋友也受到了重視。同行者對你有了好印象，他可能會在顧客猶豫不決時促成這筆交易。

第七節　接近顧客，誘導顧客說話

店員接近客戶後，必須主動、適當的談話，並且設法誘導客戶說話。

在販賣櫃台，觀察顧客的行為只是探尋需求的第一步，要想確定顧客的真正需求，還需要和顧客進行深入的交談和溝通。

要讓顧客主動開口說話並不容易，要想打破沉默的僵局，我們就需主動地誘導顧客說話，讓顧客自己說出他們的需要。下面請來看幾個例子：

表 7-7-1　如何誘導顧客說話

顧客行為	誘導顧客說話的問句
顧客拿起一個架上的每一件衣服，互相比較。	這是我們新進的貨，您可以試試。
男人在流覽一些女性的服裝。	您是否打算買東西送人呢？
顧客一進店就走向一件產品，大概看了一下就想離開櫃台。	我很抱歉您找不到您要找的東西……我能幫上忙嗎？
顧客拿起一件產品，看了又放下，又拿起再看，似乎很難下決定。	您以前有沒有用過這種產品呢？
顧客推著一部購物車，拿著一張清單，然後慢慢地在通道之間推著購物車走。	如果您需要找什麼，請告訴我，我樂意幫忙。

在日常工作中，讓顧客開口說話的方法很多，下面三種簡單有效的方法：

一、讓顧客開口三妙法

1.讚美法

在任何行業的推銷技巧中，讚美是一個非常重要的技巧。

每個人都渴望別人的重視和讚美，只是大多數人把這種需要隱藏在內心深處罷了。沒有人會拒絕你對他說「您真漂亮」、「您很會打扮」之類的讚美話，這些話常常可用來作為交談的引子。

我們讚美的內容主要有個人的能力、外貌、外表、同伴等。那麼，讚美與賣東西有什麼關係呢？表面上看確實是沒什麼關係。但是一個人一旦得到別人的讚美，他的戒心就會降低，他開

始願意接納你。讚美就像一個盒子的鑰匙一樣,打開了顧客的心,你就可清楚地看到他內心的真正需求是什麼了。

讚美的方式有很多,比如當顧客拿著某一件商品在看時,你可以說:「小姐,您真有眼光,這是我們公司最新推出的產品。」當一個顧客帶著小孩子進來的時候,你可以先讚美他的孩子,比如說「你的小孩真可愛,又白又胖的,您真會帶孩子。」又比如稱讚顧客「你這件衣服真好看。在那兒買的?」雖然你不賣服裝,但是當顧客很興奮地告訴你他購買的地點後,他同樣會很樂意與你繼續交談下去。

恰當的讚美會讓人心情愉快,但是不恰當的讚美也會讓人反感。我們在運用讚美時,要注意適度,說讚美話時內心和表情都應該是真誠的。切忌肉麻、做作,虛假的讚美只會趕走顧客。

讚美顧客的內容有很多,包括:

—— 讚美其能力;

—— 讚美其外貌;

—— 讚美其外表;

—— 讚美其同伴。

例如:

• 您的髮式真漂亮,在那裏做的?

• 您的樣子很像明星×××。

• 您的小孩真可愛。(不可以說,這個小孩真可愛)。

• 小姐,您真有眼光,這是我們一款最受歡迎的產品。

請記住,這種方法的要點是,發現顧客的優點,然後由衷的去讚美。讚美的主題儘量不要與產品相關,等顧客放下了戒備心理,你才開始提與產品相關的問題,這樣,顧客就會在一種放鬆的狀態中與你進行溝通了。

2. 優惠法

當人發現自己的某項行為將會給自己帶來好處時,那麼這種

好處將會成爲其行爲的推動力。顧客在購買商品時同樣抱著這樣的心理。如果他自己會因爲買了某件商品而獲得某項利益，那麼他的購買慾望將會大大提高。這種優惠包括了贈品、折扣、優惠等。其中尤以價格對顧客的吸引力爲最大。因爲在通常情況下，顧客在購買商品時首先會考慮商品的價格。比如，他會翻看價格牌，這時候，如果他所關注的商品是打了折，那麼這件商品對他的誘惑力就會相應的增加。

如果我們要打開顧客的話匣子，我們可以使用利益誘導法，比如告訴他正在流覽的商品現今是特價；如果他正在看的商品沒有打折，那麼我們可以提醒他，讓他知道有什麼品牌在做特價酬賓，並強調特價帶來的好處。如果顧客因此被吸引，那麼我們就可以繼續問其他的問題，瞭解他的需求。

例如：

- 小姐，您的運氣真好，我們公司現在在搞促銷活動，您看的這款服裝打八折。
- 您要是買夠 300 塊，我們會贈送您一張會員卡，以後買任何東西均可獲得九折優惠。
- 買一台冰箱，將會獲贈一台微波爐。

3. 發問法

當你認真觀察了顧客的行爲以後，你就會對顧客的需求有一個初步的判斷，但是這時你的判斷可能未必是準確的，所以你可以把你的初步判斷向顧客提出，以取得其確認。這種方法的好處是直截了當，你可以因此探尋到顧客的意圖。比如，一個男性到女裝櫃台仔細的看，你就可以判斷他絕對不是買他自己的服裝，而是要爲別人購買。這時候你就可以以「先生，請問您是幫朋友選衣服嗎？」這樣來打開話局。

我們提問可以圍繞著顧客自身的需求。比如：您喜歡那種口味的飲料呢？從而得知顧客感興趣的品種；當你問：「您是自己買

還是送人呢？」如果他表示是送人的，我們就可以進一步去詢問
受禮者的喜好；當你問：「您有沒有想好要買什麼呢？您的朋友會
喜歡那些口味的產品呢？」「您以前用過我們的產品嗎？」如果他
表示用過我們的產品，那麼我們就不必再詳細向其介紹其他產
品，可以直接向其推薦他用過的相關的一些新產品。詢問顧客的
需求目的，就是希望得到他的口味、喜好、購買的用意，從而為
介紹產品階段打下基礎。

在接近顧客時，還可以從產品入手誘導顧客說話。可以對顧
客說：「這是我們最新推出的產品」、「這款型號是我們最受歡迎的
產品」，以最「新」、最「好」這些包含產品特色的字眼去引起顧
客更多的興趣和關注。

例如：

從顧客需求入手：

• 您喜歡那種口味？

• 您是自己買還是送人呢？

• 您以前用過我們的產品嗎？

....

從產品需求入手：

• 這是我們最新推出的新型產品。

• 這款型號是我們最受歡迎的產品。

• 我們的產品均獲得了國家優質質量獎。

....

俗話說：「見人說人話，見鬼說鬼話。」在銷售中，這也是
一種常用的方式。我們誘導顧客說話時，要注意因人而異，不同
的人要用不同的方式去誘導他。

1. 對於有購買需求或是有購買目的的顧客

我們可以採用直接詢問的方法。因為這類顧客可能一進門就
會盯著某種商品看，所以我們就可以直截了當的問他是不是對某

商品感興趣，並提議爲其詳細介紹。

　　·我給您介紹一下產品。

　　·您真有眼光，這是我們最暢銷的產品。

　2.**在面對沒有購買目的的顧客**

　　這類顧客可能本身對你的產品也不太瞭解，所以我們可以給顧客一些選擇、參考，讓其從中挑選。這樣就能容易找到他的喜好。

　　·您喜歡那種口味的呢？

　　·我們的輕巧型產品很受歡迎，您要不要看一下？

　3.**回頭客或者熟客**

　　對於回頭客和熟客，我們的態度可以稍微親昵一點，但要注意分寸，不要問及顧客個人的隱私。

　　·上次您買給朋友的茶葉，他喜歡嗎？

　　·今天您想買點什麼？

　　·今天天氣挺熱……

二、循序漸進的誘導客戶説話

　　你是否有耐心，直接影響著你誘導顧客說話的成效，有些顧客來到你的櫃台，他並不一定是目標明確的，如果你僅僅希望通過一句或是兩句問話就找到顧客的真正所需，這是不可能的。可能你要反覆地詢問顧客，才能發現或是讓顧客自己發現到底想買的是什麼。所以，在誘導顧客說話時耐心是非常重要的。我們在向顧客提問時要記住；用循序漸進的問話方式，可以引導顧客發現他們的需求。在問話的過程中，你也能和顧客逐漸建立起信任關係。

　　店　員：您喜歡什麼樣顏色的？

　　顧　客：我也說不清楚。

店員：這款服裝有米色、有淺粉色、有淡黃色，還有純白色，
　　　您比較喜歡那一種顏色呢？

顧客：沒有一定，也許淺一點比較喜歡。

店員：哦，這幾款顏色都比較淺。您要不要試一下。

顧客：好。

　　顧客試用了各種顏色後，自己選了一種顏色，買下了。雖然案例中的店員向顧客提的幾個問題都是有效的，但是店員並沒有通過問話為顧客找到真正適合他的顏色。店員只是把最後的選擇權交給了顧客。但是顧客是非專業的人士，他最終的選擇未必適合他，說不定他回去後會後悔買了這件衣服。這個店員的行為並沒有錯，但是不夠專業和負責。

　　如果我們再耐心點，再多問顧客幾個問題。

店員：您喜歡什麼樣顏色的？

顧客：我也說不清楚。

店員：這款服裝有米色、有淺粉色、有淡黃色，還有純白色，
　　　您比較喜歡那一種顏色呢？

顧客：我好像比較喜歡淺一點的顏色。

店員：那您可以告訴我您準備在什麼場合穿嗎？

顧客：我想在上班的時候穿。

店員：如果您想在上班時感覺自己有活力又不失女性的溫
　　　柔，我建議穿淺粉色和淡黃色；如果您想讓自己顯得
　　　莊重一點、有權威感一點，米色和白色比較適合。當
　　　然，這還要根據您的膚色來定。您願意我幫您做一個
　　　膚色測試嗎？

顧客：那太好了，要另外付錢嗎？

店員：不用。我很樂意幫助您找到最適合您的顏色（店員為
　　　顧客做了膚色測試……）好了，您看，您的膚色屬於
　　　秋天系列，那麼淡黃色和米色是最適合您的，當然還

有其他秋色系列的顏色都會很適合您。那麼您會選擇
什麼顏色呢？

顧客：哦，那我試試淡黃色的吧。

店員：好的，我幫您拿一件適合您的，試衣間在那邊，我帶
您去……。

店員多問了三個問題：「那您可以告訴我您準備在什麼場合
穿嗎？」「您願意我幫您做一個膚色測試嗎？」「那麼您會選擇什
麼呢？」就為顧客找到了他真正所需的物品。

只要我們耐心地再多問幾個問題，就能找到顧客的真正所
需，顧客自己也覺得非常滿意。

在誘導顧客說話時，可以抱著與顧客建立一種朋友式對話的
討論氣氛，而不是一種審問式的交談，這樣的話，我們自己就會
心情輕鬆起來，在向顧客提問和交流時就能取得較好的效果。

))) 第八節　要雙向溝通，不要「獨白」

不少店員會用這樣的推銷方式：一看顧客走近自己的貨架就
上前介紹商品，開始一場語言的狂轟濫炸，很有一種一直說到你
心動的堅定信心，這在一些護膚品和日用品貨架旁尤其常見。事
實上，店員的這種做法是最不高明的，你的這種過度熱情不但不
會讓顧客感動，反而會讓他們覺得你的推銷有問題，是陷阱，進
而退避三舍。所以店員不要過多的「獨白」，而要給顧客一些發表
意見的機會，多與顧客進行雙向的交流與溝通，瞭解顧客的真實
需求，有針對性地進行推銷，這樣成功的可能性才更大。

「獨白」表明的是自己的心聲，店員的「獨白」則是指一味
地向顧客推銷自己的商品，推銷自己的觀點，企圖以此來使顧客

屈服，進而購買商品。但事實上顧客很少屈服於這種「獨白」，他們更多地會選擇離開，到別處行使自己「上帝」的權利。

　　王小姐到一家超市選購護膚品，剛走進超市一名店員迎上來說，「你的皮膚這麼乾，可以用這個牌子的防曬霜，別看不怎麼打廣告，但它是天然配方，比那些老打廣告的一點不差……」，然後這位店員不停建議她放棄手中的產品，嘗試另外一個品牌，這讓王小姐很反感，本想逛商店放鬆一下心情，沒想到店員卻讓她一刻也不能安寧。最後，王小姐只得丟下一句「我習慣用老牌子」立刻走開。

　　超市等購買場所之所以受到人們的歡迎，就是因為它的環境好，不受打擾，但店員的這種「貼身促銷」讓人沒了購物慾望。特別是一些店員拼命說自己產品好，別的品牌都是「又貴又沒效果」，讓人很反感。

　　因此，店員在向顧客推銷商品時千萬注意不能一味自顧自的「獨白」，而要多給顧客說話和考慮的機會，只有與顧客真心的進行交流你才能發現顧客的需求，才能用最有效的推銷方法說服顧客決定購買你的商品。

一、學會傾聽

　　作為一名優秀的店員，要學會傾聽顧客的聲音。通過傾聽顧客的聲音，可以有效地瞭解顧客的喜好、需求、願望，針對顧客的需求、意願向顧客推銷商品成功的機率會更高。比較那些一味獨白的店員，這才是高明的商品推介方法。

1.不要假設自己知道

　　永遠不要假設自己知道顧客在說什麼，否則就會造成先入為主的觀念，認為自己真的知道顧客的需求，而不去認真地聽。聽完顧客的話之後，還應徵詢對方的意見，以印證所聽到的。只有

真正瞭解顧客內心的想法，成爲顧客的知己，才能順利地實現商品銷售的目的。

2.關心

店員要帶著真正的興趣傾聽顧客在說什麼。

尤其要注意以下幾點：

(1)要理解顧客所說的話；

(2)店員應該學會用眼睛去聽，與顧客保持目光接觸，觀察顧客的面部表情，注意他的聲調變化；

(3)有必要時，記錄顧客所說的有關內容；

(4)對顧客的話要理智地判斷其真僞與否、正確與否。

3.耐心

耐心就是不要打斷顧客的話。很多顧客喜歡說話，尤其喜歡談論他們自己。顧客談得越多，越感到愉快，也就越滿意，這對銷售是很有利的。店員要學會克制自己，多讓顧客說話，而不是自己大肆地發表意見。

二、注意觀察

作爲一個優秀的店員，要注意觀察顧客表情，並從中發現他們的喜怒哀樂。有人發現眉毛能做出 20 多種表情，如眉飛色舞、眉開眼笑是喜悅、高興的表情，皺眉表示爲難，眉頭緊鎖表示苦惱，眉毛豎起表示憤怒等等。從顧客的表情中讀懂顧客的心，有助於瞭解顧客的真實意圖，抓住顧客的需求去推銷。

眼睛是心靈之窗，是最富有感情的。作爲店員要善於瞭解目光語的基本內容。目光語主要由視線接觸時間長短、視線接觸的方向兩個方面組成。視線接觸的時間，除關係十分親近的人外，一般連續注視對方的時間在 1～2 秒鐘內，長時間的凝視、直視或上下打量對方，都是失禮行爲，店員切莫使用凝視的方法來對待

客人。不同的視線接觸方向也有不同的語義。俯視表示「愛護、寬容」,正視多爲「理性、平等」的語義,仰視一般體現「尊敬、期待」的語義,斜視表示「懷疑、疑問」的意思,而視線左顧右盼表示心不在焉。在與顧客的接觸過程中,店員要學會巧妙地使用目光。如熱情洋溢的目光會給顧客一種親切感;平靜而誠摯的目光能給對方一種穩重感;俏皮而親近的眼光給對方一種幽默感。自然、得體的眼神是語言表達的有力助手,這都是店員必須瞭解的。

　　另外,店員不但要給顧客以微笑,也要善於從對方的微笑中發現顧客的語言。微笑不僅可以幫助人鎮定,而且可以給別人以良好的心理暗示、也是自信的一種表現,微笑必須是發自內心的,否則僵直的笑、皮笑肉不笑,都會傳遞不良的資訊。

三、鼓勵顧客發言

　　買賣要雙方來達成,話當然也不能由店員一個人來說。店員除了觀察傾聽,更重要的是要鼓勵顧客多說話,從顧客的發言中捕捉關鍵資訊,從而有針對性地向顧客推薦合適的商品,滿足顧客的需求。試想一下,如果顧客一句話不說,你怎麼知道他想要什麼,怎麼能引導顧客決定購買呢?

　　與顧客談話,就是與顧客溝通的過程,這種溝通是雙向的。不但我們自己要說,同時也要鼓勵對方講話,通過他的說話,我們可以瞭解顧客的個人基本情況,如工作、收入、投資、配偶、子女、家庭等等,雙向溝通是瞭解對方有效的工具,切忌店員一個人唱獨角戲。

　　現在有一種新興的服務方式——「零干擾服務」。這種服務要求店員不許跟蹤顧客,不許主動向顧客推銷商品,只有在顧客打招呼時才能按照所提問題予以回答,這就是避免店員獨白的一種

做法。這就意味著，以後顧客進入商場後，將不會再聽到店員不停的「嘮叨」，可以在輕鬆愉快的氣氛中自由地選擇商品和服務，做真正的「上帝」。

第九節　拿、放商品的方法

　　拿，是指根據顧客的要求拿取商品。放，是指把商品放在顧客面前，讓顧客鑑別、挑選。店員在櫃台販賣時，隨時需要拿、放商品，其基本技術要求是：

1.拿、放得當，迅速準確

　　店員必須學會觀察顧客的購買心理，做到心中有數，熟悉商品知識，以便拿取顧客需要的商品。

　　根據顧客眼睛注意的視線，身體動作姿態，表達語言，來判斷其對某種商品購買的慾望；根據顧客的年齡、著裝、打扮、體形特徵等，瞭解顧客的愛好，從而主動、訊速、準確地拿出適合顧客需要的商品。

2.掌握方法、顯示全貌

　　拿、放商品必須講究方法。同樣的商品，高明的店員把它從貨架上取出來，往櫃台一放，就深深地吸引著顧客的注意，使顧客產生購買興趣，我們把這種動作稱爲「顯示」。顯示商品要讓顧客看到商品的全部特點以及商品的外貌形狀，以便挑選。

　　掌握了正確的方法，在顯示商品時，才能做到使顧客看得清，又不使商品受到污損，能給予顧客一種享受。拿放商品的方法不是一成不變的。熟練的店員在長期的售貨中，總結出許多寶貴經驗。如衣服提衣領，前後左右轉，然後看衣裏；帽子托在手，帽簷先朝顧客；布鞋，棉鞋，首先揮一揮；碗碟輕輕揮；布匹搭

在肩，展開供遠觀；樂器調音律；金筆、圓珠筆，拔帽試筆尖；電池、電燈泡，當面做試驗。總之，顯示商品，爭取突出商品本身的藝術感染力，以達到促進顧客聯想，刺激購買慾望的目的。

3.輕拿輕放

顧客到商店是爲了購物，而滿足這種慾望除了物質以外，更重要的是需要得到精神上的滿足。這種精神上的滿足，也必須靠店員的服務工作得到。

店員能禮貌地把商品拿給顧客，初步就會使顧客首先在精神上得到滿足，感受到服務的熱情，從而引起購買商品的慾望。作爲一名合格的店員不僅要迅速、準確的拿放好每一種商品，而且應當自始至終地、禮貌地拿放商品，並貫穿於接待顧客的整個服務過程中。

4.準確提拿商品

準確的提拿商品，是指店員通過對顧客的舉止觀察、分析、判斷，揣摩顧客購買的心理活動，抓住顧客購買心理變化過程的瞬間，將符合顧客要求的商品提拿給顧客的服務過程。

店員要準確提拿商品，除必須掌握顧客心理和商品知識外，還要練好基本功，以行業而言，在售貨中才能做到「看腳拿鞋」、「看頭拿帽」、「看體拿衣」、「看體計料」等技巧，說明如下：

⑴看腳拿鞋

以鞋店販賣鞋子爲例，店員在售貨中，根據顧客的腳的大小，憑著自己熟練的售貨技巧，一看腳型就能準確地拿出適合顧客的鞋。

要掌握看腳的本領，依靠觀察顧客的體型，一般來說，身高體胖的顧客，腳板肥大；身矮體瘦的顧客，腳板瘦小。第二，要看顧客所穿的舊鞋，鞋面皺褶多，腳面高，其腳必然很瘦；鞋面繃得很緊，其腳必然很肥；如果鞋頭翹起很高，其腳必然很大。第三，要觀察顧客的手型，手型瘦長，一般腳也瘦長；手型短粗，

一般其腳也短粗。

最後，還要考慮顧客的年齡、性別、職業、生活習慣以及制鞋原料的特性等。如布鞋有伸縮性，可穿緊一點，皮鞋不透氣，穿鬆一點。體力勞動者宜寬大，腦力勞動者以適合腳最好。還有老年人喜歡柔軟、大方、舒適的鞋。店員應該根據以上特點，通過觀察顧客的腳型，迅速準確的拿出適合顧客的鞋。

⑵**看體拿衣**

以服飾店賣衣服爲例，看體拿衣是店員在售貨中，根據顧客的體型和愛好，迅速準確地提拿服裝的服務技巧。

目測體型，是店員在售貨過程中根據對顧客的體型和特徵的觀察，從體型高矮胖瘦，身高、胸圍和腰圍，以及分析判斷顧客的心理，準確拿遞適合顧客的服裝。

看體拿衣的重點，應掌握以下要領：

①必須準確的目測顧客的體型，判斷顧客需要的服裝規格。

②要分析顧客的習慣和愛好，揣摩顧客的需求心理，拿出適合顧客的款式的服裝。

③要善於觀察顧客的膚色、年齡、性別、職業等，選擇適合顧客心理的服裝。

④要熟悉掌握服裝型號標準和規格尺碼。

⑤要將出售的服裝按規格順序碼放整齊，並熟悉存放貨架的位置，以免拿錯規格。

⑶**看體計料**

看體計料是店員在出售商品時，觀看顧客的體型，準確爲顧客計算用料數量的一種服務技能。既要看得準，又要算得對，要掌握以下重點環節：

①要看顧客的體型特徵，對有生理缺陷的顧客要特別注意。

②看顧客的穿衣習慣及需要。

③根據面料的幅寬、縮水率，準確地計算衣料。上衣以衣長、

胸圍、袖長爲標準。褲子以褲長、腰圍、臀圍爲標準。

在計算出用料以後，上衣再加上 3.3 釐米的貼邊；褲子如要做卷邊的再加 4.5 釐米的卷邊尺寸；有縮水率的衣料，還要加上縮水率。

店員應熟悉自己販賣商品的特點，準確地把握顧客心理。當顧客走近櫃台時，應迅速洞察顧客心理，並依據對顧客心理的分析判斷，準確地爲顧客提拿出款式、花色、規格尺寸等符合顧客要求的商品。

第十節　巧妙展示商品的方法

對上門而來的顧客，店員要在口頭上溝通、介紹商品，更要對商品加以適當展示。

商店經營的商品品種繁多，形態各異，用途不同。展示的方式和方法也不相同；由於顧客購買心理千變萬化，性格、習慣、愛好各不相同，同一商品對不同的顧客展示方式、方法也不一樣。一般可歸納爲「敞開式的展示商品」、「指導示範式的展示商品」兩種方式：

一、敞開式的展示商品

「敞開式的展示商品」是將商品敞開或展示開，向顧客展示商品全貌，引起顧客注意的一種展示方法。

採用敞開式展示商品的關鍵是要展示商品全貌。不僅讓顧客看清商品外表，還要讓顧客觀看商品的內在質量和特徵。使顧客全面瞭解商品，引起興趣，產生購買慾望。

1.布料的展示方法

店員要展示帶圖案的布料時，首先將布從布卷上抖開 2～3 米，再把布頭搭在右臂上或用手托在胸前，提高約 50 釐米，稍稍後退，離開顧客一段距離，讓顧客看清布匹的花色圖案。如顧客購買衣料，店員可將放開的布料比做衣服披在身上，方法是：左手將垂下的一頭捏住提起，向左斜圍在身上，布的一邊搭在自己的左肩上，並用左手扶住，右手按住另一頭圍在右腰處（也稱搭肩法）。還可以將放開的布搭在左手手臂上，提至肩高，右手提住布另一頭的布邊，然後退後一步給顧客觀看。

2.床上用品的展示方法

床單、線毯、毛毯、毛巾被、踏花被、蓋被、床罩、枕套、被罩等商品都是床上用品，顧客不僅對其質地十分關心，而且對其整個圖案佈局、色彩搭配也很重視。

展示要根據顧客的要求進行。展示這類商品可採用展示局部和展示全貌的方法。如果顧客要求展示局部，店員可將商品拿出，敞開局部讓顧客鑑別、挑選。如果顧客需要展示全貌時，就需要兩人合作（兩名店員或店員同顧客）將商品的折疊部份全部打開來進行展示。

操作方法是：每人捏住兩角面向顧客呈 45 度傾斜度，以使顧客看清商品全部圖案，瞭解商品質地及有無疵點、污點等問題。

如果條件不允許，也可由店員單獨操作，即兩手分別捏住床單一頭的兩個角，輕輕提起來抖動一至兩下，使床單全部展開，兩手朝兩旁撐開帶住，使床單中部搭在櫃台上，手捏住一頭，適當擡起一定高度，另一頭垂在櫃台外。展開後，使床單平整端正，正面朝向顧客，讓顧客仔細觀看。展示床罩的同時，還需檢查床罩的接縫處及各補花、繡花、彩布拼接處有無污點，跳線等質量問題。一般情況下，展示床上成套用品需要檢查局部和整體的色彩、組合方面內容，對顧客進行全面展示。

3. 鞋類商品的展示

展示鞋子時，應選拿一隻（右腳）鞋進行展示，展示的方法是：用右手捏住鞋底中部兩側，托住鞋底，鞋的前面向顧客，然後，用手捏住鞋幫，轉向右邊，再轉向左邊，這樣便於顧客看到鞋子外表全部情況。最後，把鞋底換在左手，展示鞋底和後跟。透過展示，顧客能夠基本瞭解鞋子式樣和特點。當顧客決定購買後，店員再拿出另一隻鞋，先把鞋尖對齊朝向顧客，用右手拇指和食指捏住鞋後內幫，左手微微托住鞋底，請顧客再仔細觀看。

4. 服裝的展示方法

長短大衣、西服、料服、休閒服一般可採用提拎法。提拎法是指將用衣架掛起來的服裝提拎起進行展示。展示時，左手提起衣架，右手扶住衣服，使顧客看清衣服的款式、規格等；也可以把衣架拿掉，用右手托著衣服的肩袖，左手捏住衣襟提起，讓顧客觀看；還可用雙手分別捏住兩肩，輕輕一抖，使衣領朝上，正面朝向顧客進行展示，讓顧客鑑別挑選。

有些外衣進行展示時，店員可將其搭在自己肩上，或穿在自己身上，充分利用店員的人體條件，以自身爲模特，形象地展示商品全貌。這樣更能給顧客一種穿著的美感。有些式樣新穎、縫製工藝非常考究的服裝，除了展示前後面，還要展示衣服的裏部及其它部位，使顧客看清衣服的式樣，花色及衣料的質地和縫製技術。

長褲的展示方法常見的有三種：一種方法是左手提起長褲的腰頭，右手捏住靠近褲腳處輕輕展開，放在櫃台上進行展示。第二種方法是把褲子搭在左臂上，將右臂擡到適當高度，左手捏住褲腳展示給顧客。第三種方法是用雙手捏住褲子的腰頭，貼在自己的側腰部，後退到顧客看得清的地方展示。無論是採用那一種方式，都應展示褲子的長度和樣式，以及褲子的面料質量、顏色等，這樣才能使顧客更好地挑選商品。

二、指導示範式的展示商品

指導示範式是指通過店員示範操作來展示商品的方式，一些結構比較複雜，需要掌握要領的商品，如電腦、照相機、打字機、洗衣機、微波爐、小家電等，要由店員進行現場操作示範，才能使顧客瞭解商品特點及性能。

1. 鐘、錶的展示方法

展示鐘、錶主要採用手托法，要點是：穩拿輕放，快慢適當、示範講解，仔細交待。手錶的展示方法是用右手拇指按住手錶的上下耳簧，中指向右側托住錶背，請顧客挑選。也可用右手輕輕把錶拿好，平放在絨布上向顧客展示，或者將手錶放在右手心中，左手托送，右手展示。在展示時，要向顧客講解怎樣對針、設定日曆和上發條等知識。對於較貴重的商品，一般每次只拿一件展示，以免丟失。遇到顧客要求自己檢驗挑選的，店員應先交待清楚，並隨時指導，以免顧客不熟悉操作而損壞鐘錶。

2. 照相機和照相器材的展示

照相器材的樣式各異，種類繁多，功能不同，根據其性質、特點的不同，使用方法也各有不同。

照相機的種類很多，但展示方法基本相同，大體上分為以下幾個步驟：

- 打開保護套，取出相機，展示機身是否完好；
- 察看鏡頭有無損傷和鏡片有無雜質；
- 觀察暗箱是否有漏光現象；
- 調試快門速度、光圈、測距、看閃光裝置是否正常。

另外，還應按照詢問，展示和說明應該注意的有關問題。展示後，可將相機交給顧客使用，但應切實注意顧客的操作，不正確的操作，要及時說明和糾正，以免損壞相機。

3.器械調試法的展示

器械調試法指通過器械或儀器顯示商品性能的方法。

一些商品的功能特性，不能通過觀看而瞭解其情況，必須經特定工具進行測試才能反映出來。如測試電池是否有電，爲燈泡、燈管需試亮，光學儀器、電工儀錶等類商品需經儀器、儀錶檢測；某些商品的物理、化學性能，也需經過一定的器械或儀錶進行測試。

店員用器械展示商品時，一定要熟練掌握器械的使用方法，調整好可用器械，並向顧客解釋說明器械顯示的測試結果與商品質量、性能的關係。

4.表演展示法的展示

表演展示法是指通過店員親自表演來顯示商品性能、質量和方法，主要用於樂器、兒童玩具、遊戲機、家用調理機等商品的展示。

店員應能親自表演，把商品內在性能展示。如服裝類商品可採用一些專業服裝模特表演，以便更好地表現服裝的內在美，給顧客以直觀印象。

5.試用展示法的展示

試用展示法是請顧客品嘗商品味道和口感，感觸商品質量的一種展示方法。主要適用於食品和煙酒、飲料和可操作類商品的促銷活動。包括可以讓顧客試聽、試玩、試看、試嘗等，以充分顯示商品的技術性能、優勢和特點，博得顧客對商品的信賴。此方法尤其適用新推出產品的促銷工作。

6.局部展示法的展示

局部展示法是指展示商品的關鍵部位，來顯示商品內在質量的一種方法。

有些商品的內在質量不需要展示商品全部，只需要展示關鍵或核心部位，就可瞭解商品的主要特徵。如電冰箱、冷氣機等突

出展示壓縮機的功能，手錶展示機芯的功能。還有些商品是成雙配對的，也可採用局部商品展示法，如各種鞋、手套等可採用單隻展示。

7.拆裝展示法的展示

拆裝展示法適用於幾部份組成的商品的展示。

店員在給顧客提拿商品的過程中，先把商品的各部份逐項分解，然後再組裝。在分解過程中向顧客介紹商品性能，並教會顧客安裝方法，如自行車、某些組合傢俱、各種拼裝玩具等。店員平時就熟悉自己經營商品的結構，是做好拆裝展示的前提條件。

8.商品演示法的展示

商品演示法是指店員對商品進行現場操作，達到使顧客瞭解商品的一種展示方法。現場操作的目的是吸引顧客，刺激顧客的購買欲。商品演示法主要包括下列：

⑴商品功能的演示

通過對商品功能的演示，使顧客進一步瞭解商品的功能，激發顧客的購買慾望。例如，把 VCD 播放機與彩色電視機連接在一起，播放 VCD 光碟，吸引顧客停步觀望，既能使顧客瞭解 VCD 播放機的播放功能，而且通過店員對商品進行現場操作，也使顧客瞭解了 VCD 播放機的優異功能。

⑵商品效果的演示

通過對商品性能的演示，使顧客進一步瞭解了商品的性能和使用後的效果，從而激發顧客的購買慾望。例如，在出售電動按摩椅時，按摩椅操作後，按摩的效果一目了然。

⑶使用操作的演示

使用操作演示，是指店員將商品的各種功能進行現場操作的演示方法。例如，在出售各種家用食品處理機時，店員將壓麵、切麵、切碎、切片、切條等各種功能分別進行操作演示，使顧客真切體驗商品功能，從而達到吸引顧客的目的。

⑷演示商品時應注意的事項

- 在進行商品演示時，要面向顧客，使顧客看到演示的全過程，使顧客全面瞭解商品；
- 要耐心細緻地演示商品的操作方法，要給顧客以理解的時間；
- 要對每個功能都進行演示，對重點功能反覆演示，直到顧客弄懂學會；
- 講究語言藝術，要吐字清楚，講解生動，引人入勝，更要有嫻熟的服務技能。

第十一節　有技巧地推銷商品

一、說明商品的技巧

用說明或陳述的方式向顧客推介產品，是店員必備的一項專業技能。做導購不僅要瞭解自己銷售產品的特性，還需要瞭解行業內的所有產品，進行詳細的市場分析，並做出策略性的應對方式，這樣在導購過程中就能夠知己知彼地開展工作。同時更要用充滿激情的詞句向顧客進行推介，讓顧客心動而行動。

1.事實陳述

通過語言介紹，讓顧客瞭解產品的基本情況。

顧客在購買產品之前，非常想知道這個產品在使用時的效果。因此，店員一定要想方設法多向顧客介紹這方面的情況，其中包括產品的款式、種類、試用方法、功能、原料等，這也是做產品展示的過程，展示的目的就是要使顧客看清商品的特點，減少挑選的時間，引起其購買的興趣。主要方法如下：

(1)講故事。通過故事來介紹商品，是說服顧客的最好方法之一，一個精彩的故事能給顧客留下深刻的印象。故事可以是產品研發的細節。生產過程對產品品質關注的一件事，也可以是產品帶給顧客的滿意度。

(2)引用例證。用事實證實一個道理比用道理去論述一件事情更能吸引人，生動的例證更易說服顧客。介紹產品時可引為證據的有榮譽證書、品質認證證書、數據統計資料、專家評論、廣告宣傳情況、報刊報導、顧客來信等。

(3)用數字說話。應具體地計算出產品帶給顧客的利益是多大，有多少。

(4)比較。用顧客熟悉的東西與你銷售的產品進行類比，來說明產品的優點。

(5)佛蘭克林說服法。即把顧客購買產品後所能得到的好處和不購買產品的不利之處一一列出，用列舉事實的方法增強說服力。

(6)形象描繪產品利益。要把產品給顧客帶來的利益，通過有聲有色的描述，使顧客能在腦海中想像自己享用產品的情景。

(7) ABCD 介紹法。A(Authority，權威性)，利用權威機構對企業和產品的評價；B(Better，更好的品質)，展示更好的品質；C(Convenience，便利性)，使消費者認識到購買、使用和服務的便利性；D(Difference 差異性)，大力宣傳自身的特色優勢。

2.**解釋說明與示範**

對你陳述內容的重點部份(特點、好處等)要向顧客進一步解釋說明，必要時還要進行示範。

所謂示範，就是通過某種方式將產品的性能、優點、特色展示出來，使顧客對產品有一個直觀瞭解和切身感受。店員可以結合產品情況通過刺激顧客的觸覺、聽覺、視覺、嗅覺、味覺來進行示範。一個設計巧妙的示範方法，能夠創造出銷售奇蹟。

3. 把產品的特點轉化為顧客購買點

就是講利益而避功能原則。店員在給顧客介紹產品的過程中，一定要介紹產品給他帶來的好處，而不是一味介紹產品的結構、功能。單純介紹產品本身的成分、作用等是不夠的，因為這樣好像與顧客沒什麼關係，所以你這時要假設已經成交，你把顧客使用產品後會有一些什麼效果、發生什麼變化，把那樣的情景和畫面描述出來讓顧客看到，這樣才能真正吸引顧客。

例如給長期便秘的人推薦高纖餐，你要從顧客使用的角度告訴他：「食用產品後，高纖維在消化道內吸收六到七倍的水分膨脹，像一把刷子一樣將您腸道內的「宿便」等垃圾清理掉，一段時間後，您的腸道會變得非常乾淨，排便也會感覺很暢通、很輕鬆，而且腸道乾淨了，血液也會很乾淨，你會發現自己的皮膚會變得很細膩，散發著那種自然的光澤，整個身體也會變得非常輕鬆，渾身充滿活力！」

你要用自己的語言把類似的畫面描繪得就像眼前正在發生一樣。

當店員介紹所推銷產品的具體特徵時，如果不針對顧客的具體需要說明相關的利益，顧客就不會對這種特徵產生深刻印象，更不會被說服購買。通常店員遇到的情況是：當自己口乾舌燥地向顧客介紹了一大堆產品的特徵之後，顧客臉上仍然是一副無動於衷的表情。當你停止介紹向顧客詢問意見時，他們的回答可能是：「那又怎麼樣？」或者是「這對我來說有什麼意義？」

如果店員針對顧客的實際需求，將產品的特徵轉化為產品的益處，顧客就會被這些利益所動，至少他們會知道，這種產品是可以令自己的某些需求得到充分滿足的。

強調所推銷的產品給顧客帶來的種種好處，可以引起顧客的注意和興趣，從而有助於銷售目標的實現。

二、介紹商品的原則

產品介紹是非常重要的銷售工具，要利用這個工具要掌握必要的技巧如下。

1. 熟悉並熱愛你的商品

如果一個店員不熱愛自己推銷的商品，在推銷過程中也就會缺乏自信和熱情，顧客不禁會懷疑你推銷的商品的品質，產生「為什麼他自己都不喜歡？」的心理疑問。試想，你推銷的是吉列牌刮鬍刀，但你自己使用的是舒適牌刮鬍刀；或者你推銷「馬自達」牌汽車，自己卻開著「奧迪」，顧客若知道了心裏會怎樣想呢？日本最佳推銷員都認為：自己對自己的商品不能入迷，則打不動顧客的心。日本豐田有個不成文的規定，凡是豐田人必駕駛豐田車。

一般說來，在熟悉了自己的產品之後，常能熱愛自己的產品，推銷成功的可能性也隨之增大。因此，店員要尋求各種途徑去熟悉和掌握自己推銷的商品。當顧客要求你介紹產品的性能和工作原理時，你也不能迴避，店員在心裏還是要多準備些顧客問的「為什麼」，對自己的產品要瞭若指掌，說起來才能如數家珍。

2. 用顧客聽得懂的語言來介紹

通俗易懂的語言最容易被大眾所接受。所以，你在語言使用上要多用通俗化的語句，要讓自己的顧客聽得懂。店員對產品和交易條件的介紹必須簡單明瞭，表達方式必須直截了當。表達不清楚，語言不明白，就可能會產生溝通障礙，就會影響成交。此外，店員還應該使用每個顧客所特有的語言和交談方式，因人因地而異。

3. 強調推銷要點

一個產品所包含的利益往往是多方面的。店員在介紹利益時不能面面俱到，而應抓住顧客最感興趣、最關心之處重點介紹。

推銷的一個基本原則是,「與其對一個產品的全部特點進行冗長的討論,不如把介紹的目標集中到顧客最關心的問題上」。

推銷要點,就是把產品的用法,以及在設計、性能、品質、價格中最能激發顧客購買慾望的部份,用簡短的話直截了當地表達出來。

店員推銷的產品儘管形形色色,但推銷的要點不外乎以下幾個方面:適合性、相容性、耐久性、安全性、舒適性、簡便性、流行性、效用性、美觀性、經濟性。要有選擇有重點地進行推介,不能完全照本宣科。

4.以誠為本進行介紹

店員要說服顧客接受他的推銷,實現購買行為,首先就是要靠真實、誠摯的商品介紹。而數以萬計的店員也正是以他們的真誠獲得一次又一次的成功。

因此,在我們推銷介紹產品時,一定要恪守誠實的信條,不要肆意地誇大產品優特點,過分的誇張就是對顧客的一種欺騙。只有以誠待人,以誠為本去介紹展示產品,你才能獲得信任,推銷才能成功。同時,誠實、真摯的推銷活動也樹立起了企業誠實守信的形象。

第十二節　掌握銷售要點

所謂「介紹商品」,就是店員直接向顧客推薦購買商品,或向顧客說明商品,或對顧客所提出的有關商品性能使用、保養等的答詢。這是店員促進銷售的一種手段。

一個店員只有十分熟悉自己販賣的商品情況,才能得心應手地做好商品介紹工作,贏得顧客的興趣並使其購買。例如,懂得

商品各個環節的業務工作；對所經營商品會使用、調試、組裝、維修；知道商品的產地、價格、質量、性能、特點、用途和使用、保管方法等等。

店員要掌握得當的介紹方法，即要根據不同商品的特點，必要時可以邊介紹邊展示，讓顧客充分瞭解商品，促使顧客下決心購買。

介紹商品的具體方法，可參考以下幾種：

一、針對商品的不同處進行介紹

凡商品均有特點，分別表現在成分、性能、造型、花色、樣式、質量、價格、用法等方面，可以突出其某方面的特點進行介紹。比如：

1.強調介紹商品的成分、性能

對有特殊效能商品的介紹，應從其成分、結構講起，再轉到其效能。例如，對兒童加鈣餅乾的介紹，應先講其成分（結構）是由麵粉加入蛋、奶、維生素和適量的優質鈣而成。因而其效能（特點）具有營業豐富、容易消化和幫助兒童牙齒和骨骼生長的作用。

又如，對塑膠杯的介紹，要先講其成分（結構）是以密胺和醛爲主要原料，加入適量的紙漿纖維爲輔助材料製成，因而其效能具有耐酸、耐鹼、無毒無味，經著色後，其外觀和手感如同瓷器，卻有比瓷器耐用且不易碎的特點。

食品、副食品、飲料、日用化工產品、化纖類呢絨類紡織品等商品，宜從商品的成分、性能方面入手介紹。例如，洗衣粉有中性的、鹼性和酸性的；洗髮水有油性的、乾性的；化妝品有中性的、微鹼性的和微酸性的。其成分不同，性能也就不同。

2.強調介紹商品造型、花色、式樣

以造型、花色、式樣取勝商品，要側重介紹商品的造型、花色、式樣。

工藝品、玻璃器皿、暖瓶、布匹、時裝等商品，往往獨樹一幟、別具風格，在介紹這些商品時，宜側重介紹其風格特點、藝術價值。

3.強調介紹商品的質量特點

具有精密性、技術性的高級商品和耐用消費品，顧客對其質量都有一定要求，店員要特別抓住構成商品質量的主要因素、商品質量的標準等方面，給予積極地介紹，讓顧客更好地作出選購決定。

4.強調介紹名牌產品的特點

享有盛譽的名牌商品，要側重介紹它的產地和信譽。如龍井茶、金門高粱酒，這些都是享譽世界的名牌產品。店員應主要介紹這些商品的產地、歷史、工藝等。

5.強調介紹商品的獨特性質

有些商品或具有獨特的風格，或具有獨特的性能，或具有獨特的風味。在介紹時，應側重介紹這些獨具一格的地方，引起顧客的興趣，促使顧客購買。

二、要掌握銷售要點

店員在商店內推銷、介紹商品以及對顧客所說的話，必須掌握銷售要點，所謂「銷售要點」（SELLING POINT）包括有：商品設計、機能、品質、價格……等等。

當店員以簡短、有力的語句向顧客做商品介紹時，一定會以某個要點來向顧客說明，漸漸地，顧客就會被店員所打動，於是「銷售要點」變為「購買點」（BUYING POINT）。

1. 原則 1——要考慮 5W1H

所謂 5W1H 包括：WHO（什麼人）、WHERE（什麼地方）、WHEN（什麼時候）、WHAT（什麼事）、WHY（爲什麼）、HOW（如何）。

⑴何人使用（Who）

銷售商品時，一定要考慮使用的對象是什麼人，是學生？家庭主婦？年輕的男性？年長的女性？是爲特定的人所準備的？還是所有人都可以用？……這些都要好好的想清楚，才能擬定正確的銷售要點，而向顧客做重點的介紹。

⑵在何處使用（Where）

使用的地點是辦公室？家庭？是室內用品？還是室外用品？在陸地上使用的？還是在海灘使用的？……正確的使用地點應該講清楚，才不至於鬧笑話。

⑶什麼時候用（When）

是清晨？中午？還是午夜時用的？使用的時間必須加以考慮。同時，特別要在注意商品的季節性及氣候性，亦即是夏天用的？還是冬天用的？是客人來時的招待品？是平常用品？還是緊急狀況時的代用品？總而言之，店員應該視商品的性質，分門別類的區分其使用時間。

⑷需要什麼（What）

店員應該調查出顧客最需要的是什麼？有了最需要之物後，他還想要什麼？並且要明白其所需要的數量和分量，如此才能爲顧客做最妥善的服務。

⑸為什麼要使用（Why）

顧客買東西一定會有他自己的理由，店員必須找出此理由，才能瞭解應強調那一個銷售要點。顧客使用商品的原因不外乎：爲了襯托身分、爲了節省時間、喜歡……。這些信息對銷售工作非常重要，所以店員應該特別仔細的加以詢問。

(6)如何使用（How）

這件商品的使用方法是只能一個人一個人輪流來用？還是可以大家在同時間內共同使用？是興之所至想到就可以用呢？還是必須在一個特定的時間內才可以用的？是每天都要上發條？還是全自動的？是用乾電池？或是插電的？

有時候，在做銷售要點說明時，並不一定會完全用到 5W1H 原則，但是在考慮時，應該儘量將這六個因素包括在內，如此可能會得到一些始料未及的巧妙靈感也說不定呢！

2.原則 2——詞語愈簡短愈好

就像字面上所說的一樣，做銷售要點的介紹時，一定要把「要點」指出來，因此，說明的言詞應簡短而有力。

例如，賣襯衫的店員如果以「這種襯衫只要用溫水泡上一些中性洗潔劑，就可以洗得很乾淨了，而且洗好後不用燙，衣服就會很挺的……」為開場白，就未免太長了，如此顧客可能連一個字也聽不進去。所以應該將言詞濃縮成：「這件襯衫是免燙的。」或：「這件襯衫快乾且免燙，晚上洗，第二天早上就可以直接穿去上班了。」這種說法才是最理想的。

美國有一個專門研究「銷售要點」的人，他曾說過一句發人深省的話：「說明銷售要點時，字數要像打電報那樣的簡短，而不要像寫信那般的冗長。」此話是他經過研究後所下的結論，也可以說是他實地體會後的經驗。

因此在做銷售要點介紹時，字數如能像電報那樣的簡短，相信必能更加吸引顧客的注意力。

3.原則 3——要具體的表現出來

對於銷售要點所使用的言詞，如果一心一意的要使它簡短，就可能失之於抽象，而呈現非常不理想的效果，例如：

「本店應有盡有，包君滿意。」——這句話雖然簡短而有力，但是顧客卻看不出他們所賣的是那一類型的商品。

「套裝尺碼齊全，包您合意。」── 這句也很吸引人，但是女士們却不瞭解這家商店所賣的衣服是適合那一種年齡的人穿的。所以，此廣告詞便失去了它的效果。

「買了之後會使你全家人都得到快樂的滿足感。」── 這句話更是令人莫名其妙，猜不透他們所賣的到底是玩具，還是什麼新奇的東西？

這幾句話可以改成──「本店的電器用品應有盡有，包君滿意。」、「少女服飾尺碼齊全，歡迎選購。」

這類的銷售用語不是既簡短又清楚嗎？

銷售要點如果用抽象的意念表現出來，會讓顧客有茫然而不知所以的感覺，所以一定要用具體的言詞來將銷售要點表示出來，如此效果較好些。不過，也不可以將商品的優點一股腦兒的全都說出來，因為那將會使顧客誤會你是在自吹自擂，所以只要抓住重點，做一個簡單的說明就可以了。

總而言之，做銷售要點說明時，不僅要簡短，而且要具有說服力，所以最好運用事實來說明商品的優點，如此，你的銷售成績就將更上一層樓了。

4. 原則 4── 銷售要點要隨著時代而變化

鐘錶店的銷售要點，以前是放在「準確」之上，所以店員只要對上門的顧客說：「這種牌子的手錶，非常的準確，一年的誤差不到三十秒……。」顧客就會被他說服而購買了。

但是，目前科技高度發展，大家都認為手錶的「準確」乃是理所當然之事，所以鐘錶店的銷售要點早已不放在準確上了。既然每只手錶都很準確，那麼銷售要點應該放在那裏呢？因為目前生活水準提高，任何物品都講求氣派，因此很多人選手錶都是要求其漂亮、優雅、連掛在牆上的鐘也成了一種裝飾品，所以手錶的銷售要點必定在「外觀」上。例如「這款手錶外觀亮麗，配合衣服很出色……」

　　男士的西服以前都是用訂做的，所以當時的西服店都以「價錢便宜」，或者是「交衣迅速」爲口號。但是，現在已經出現了成衣式的西服，這種西服不僅可以隨買隨穿，而且花樣多、尺碼齊全，因此他們的號召已經改爲:「穿起來很合身」、「可以表現個性」、「式樣站在流行的尖端」……。

　　再拿服飾來說吧！以前標榜著:「快乾、免燙」，但是後來消費者的嗜好改變成喜歡穿棉、毛……等舒服的衣料，所以宣傳口號就成了:「輕便、舒服」。

　　食品類以前是標榜:「好吃、香脆」，但是最近因爲大家對健康的注意，所以食品類的宣傳就變成了:「絕對不含防腐劑」、「不含色素」……。

　　由以上例子看來，銷售要點是隨著時代的不同，以及社會風氣的變遷而隨時改變的。

5.原則 5—— 要符合客戶心中的需求

　　惠勒有句名言說:「不要賣牛排，要賣鐵板燒。」

　　所謂鐵板燒，就是把牛排放在烤熱的鐵板上，使它發出聲音來，當顧客聽到這種聲音，以及看到正在冒煙的牛排時，都會不由自主的想吃它。

　　還有，在電影街、夜市一帶，常有烤魷魚、炸雞腿等食品出售，通常那邊都圍了一大堆人在等著買，相信他們必定是被這些食物的香味，以及烤、炸時所發出的聲音所吸引吧！

　　通常襯衫的宣傳用語是:「好穿」、「合身」、「好看」、「式樣流行」……但是這些話都是老生常談，早已失去了它的效果，因此不再能吸引顧客的注意。所以美國有家襯衫公司爲了促銷其商品，特別請專家惠勒先生爲他們設計一句宣傳用語，沒想到這句話一打出來，這家公司的襯衫馬上被搶購一空，甚至還發生缺貨的情形！我想您一定很好奇那一句話是怎麼說的吧！原來美國的婦女都不喜歡縫扣子，總擔心所買衣物的扣子會掉下來。所以惠

勒便把銷售要點放在「扣子的牢固」上，而以「這種襯衫即使放到洗衣機裏去洗，扣子也絕不會脫落。」爲宣傳語。這句話對當時的美國婦女真是正中下懷，因此產生了預期之外的效果。

不管銷售要點是什麼，一定要能夠吸引人，符合顧客的需求，而且必須與實情相符，否則如果強調扣子不掉，可是衣服一洗扣子便掉光了，如此就會使顧客對商店的信譽及店員的人格大打折扣。因此銷售要點不可虛假，亦不可誇張，應該將說明著重在商品的優點，以及對於顧客有利之處，如此才能吸引顧客。

隨著對象的不同，店員也應該將商品的銷售要點略做改變。例如：小朋友自己去買糖時，店員可以對他說：「這種糖果甜甜的，很好吃喲！」而當爸爸去買時，店員就應該說：「這種糖果對小孩子的牙齒不會有損害，而且味道甜甜的，你家寶寶一定會很喜歡吃的。」

買玩具時，如果是小孩子，就說：「這種火車跟真的一樣，會跑也會冒煙。」但是假如是媽媽去買，就應該說：「你買了這個小火車回去之後，小寶寶就會幻想他真正搭上火車時的情景，那麼他一定會很快樂的。」

因人而改變銷售要點，是促銷商品的一個好方法。

根據以上五個原則，商店的老闆可以在每天晚上打烊之後，或是清晨店門未開之前，將全體店員召集起來，把每件商品一一加以討論，內容包括：商品的用法、特點、每一種客人的應對方法……，請大家自由發表意見。每件商品至少要歸納出三種銷售要點，然後將這些銷售要點實際應用在顧客的身上，再找個時間一起檢討，於是就可以研究出最適當的交易方法了。

同一種商品的銷售要點可以有很多，例如洗衣機的銷售要點就有：容量大、省電、外型美、不生銹……，因此店員就應該視顧客的喜好，選擇商品的任何一種特性，向顧客做要點說明。

因爲這個時候顧客的購買心理過程已經到了「比較檢討」的

階段，所以店員如果能夠提出合於顧客喜好的要點說明，那麼顧客就會對商品有所信賴了。

　　店員所做的要點說明，是否能夠切合顧客的喜好，可以從顧客回話時的表情及態度上看出來。如果顧客對你所做的要點說明還存有懷疑的話，你也可以先讓顧客看看商品，然後再以商品的其他要點向顧客做更進一步的說明。

◀))) 第十三節　運用 FAB 戰術推薦商品

　　古人打仗講究兵法，講究出奇制勝、先發制人。店員要想攻破顧客的關，也要講究一定的兵法，而不能強攻硬打，FAB 就是一種很好的兵法。運用 FAB，店員就可以縱橫商場，所向無敵。

一、要採用 FAB 戰略

　　那麼到底什麼是 FAB 推銷法呢？

　　FAB 是三個英文單詞(Features Advantages Benefits)的縮寫：特性(Features)是指產品的特性。你可以介紹有關產品本身所具有的特質給顧客，例如衣服的質料、原產地、織法及剪裁等；優點(Advantages)是指產品特性帶來的優點。例如衣服的質料是棉質，那便具有吸汗的優點；好處(Benefits)是指當顧客使用產品時所得到的好處。這些好處是源自產品的特性，引發所帶來的優點，從而使顧客感受使用時的好處。

　　大李的隨身聽沒電了，於是他到商店裏買新電池。櫃台裏有兩種電池，一種是國產電池，另一種是進口電池，進口電池比國產電池的價格貴一倍。大李猶豫了，不知是買進口電池好，還是

買國產電池好。這時售貨員過來了，拿出一個國產電池和一個進口電池，在手上掂了掂後，說:「先生您看，這個進口電池非常重。」然後售貨員停住不說了——她省略了所推薦電池的作用和益處的後半截話，也就是買進口電池實際上所花的錢更少。這就是 FAB 法則在銷售展示中的用處。

如今市場上各種商品品種眾多，款式令人眼花繚亂，價格高低不等，因此一般顧客都對商品的特性和優點並不瞭解，對於如何選擇商品更是一片迷茫。顧客並不知道每種商品對於他來說「有什麼好處」或「能帶來什麼好處」，在選購的過程中只注重價格，而店員也不知道應該如何將產品的優勢賣點轉換成顧客的利益點，怎樣去解決顧客的困惑，怎樣有順序地組織語言，使多個重點的介紹最有效。FAB 推銷法在這時就充分發揮了作用，因為它將所推銷商品的特徵轉化為帶給顧客的某種利益點，充分展示了商品最能滿足和吸引顧客的利益點，所以又稱它為利益推銷法。

FAB 是一種推銷方法，在實際應用中它表現為一種說話的技巧。如果把產品的介紹詞連成一句有說服力的說詞，它是這樣的:因為……（特性）……它可以……（功效）……對你而言……（利益）……

例如，因為晨光兒童專用奶粉內含鈣、鐵、維他命 B_2，它可以使你的小孩吸收更充分的營養，讓他長得又快又壯。

二、FAB 戰術的注意要點

商場中的商品種類繁多，每種商品都有自己的特點和功用，不能都用同樣的一句話來推介。運用好 FAB 戰術還要學會變通，注意各種具體的方法。

1.對商品充滿信心

店員首先要對自己的商品有信心，表現出對該商品的熱愛，

才能打動顧客。要使用堅定、肯定的語氣，讓顧客感覺到這個商品是最棒的，這樣才有可能打動顧客，取得推銷的成功。

2.說出所有的利益

利益永遠是顧客最關心的方面，店員要關心顧客所有能獲得的利益，而不是僅僅陳述自己認為最好的利益。即使是顧客已知的利益，店員也要再次說明，這樣做一方面可以強化顧客的印象，另一方面也可以打消顧客可能產生的懷疑。如果店員不提及，顧客就可能認為已經取消了這項優惠，從而心中不滿，而且很多時候顧客並不說明不滿，只是在心裏改變主意。

3.用通俗易懂的語言

店員在和顧客溝通時，儘量使用顧客聽得懂的話語，避免生澀的行業術語。如果使用的行業術語過多，顧客會聽得一頭霧水，反而不知道商品的性能及好處，這樣的推銷也必定會失敗。如果一定要使用行業術語，必須用能讓顧客聽得懂的話來加以解釋。

4.營造輕鬆的氣氛

在一個和諧輕鬆的環境中，顧客更容易放鬆自我，進入購買角色，從而在交談中透露更多的個人資訊，使店員更易於抓住顧客的特點，促使銷售的成功。因此，一個和諧輕鬆的環境，更有利於店員成功地引導顧客購買。

5.不要過分熱情

過猶不及，店員要把握住火候，拿捏好分寸，太過熱情反而會令顧客反感，太多嘴，或說話大聲，語速又快，把商品的特點一股腦地抖出來，顧客也會反感。

6.坦然地面對失誤

如果店員在推銷商品的過程中犯了技術上的錯誤，應該立即修正錯誤，並向顧客道歉。如果是顧客的錯誤，店員大可不必追究到底，小問題大可一笑了之，要顧及到顧客的面子。

7.講好處不要太多

FAB 是要把商品能給顧客帶來的利益說出來，但是也要說的恰到好處，不能太多、太濫。據統計學的研究，顧客最多只能同時接收六個概念。因此店員在介紹商品時要注意控制商品特點的數量，不能太多，否則說了等於沒說，顧客記不住，有時還會引起顧客的反感。店員在銷售過程中還應儘量讓顧客參與進來，一起討論商品的特點、優點以及能給顧客所帶來的利益。因為溝通形式不同，顧客接收資訊的程度也不同。

每個命題都有自己的逆命題，雖然並不是所有命題對應的逆命題都成立，但是有的逆命題是成立的，FAB 的逆命題就是這樣。運用 BAF 的推介方法，在很多情況下依然可以取得良好的效果。

在倒著運用 FAB 時，店員首先要在不引起顧客反感的前提下，用試探性的問話迅速捕捉到客戶的需求，然後再深入介紹能夠滿足這個需求的「B」，接著才是介紹這個產品之所以能夠滿足需求的「B」的不可替代性「A」，最後才是水到渠成的這個產品的「F」。此時顧客對這個產品的「F」才會有興趣聽，才會深信不疑，產生進一步溝通的慾望。

第十四節　注意客戶的購買信號

看瓜熟不熟，老瓜農會用手敲一敲聽聽聲音，看桃子、蘋果熟了沒有，人們會看它的「臉兒」是否變紅了。凡事總有一定的徵兆，買賣成不成也是有信號的，這就是購買信號。能否抓住購買信號，是店員能否推銷成功的重要因素。

能否抓住顧客的購買信號，是店員能否推銷成功的重要因素。店員要準確把握顧客所發出的信號，以最快的速度促成買賣。

一、注意購買信號

所謂購買信號，是指顧客在與店員交談過程中所表現出來的各種成交意向。有利的成交機會往往是稍縱即逝，雖然短暫，但並非無迹可尋。顧客有了購買慾望時往往會發出一些購買信號，有時這種信號是下意識地發出的，顧客自己也許並沒有感覺到或不願意承認自己已經被你說服，但他的語言或行爲會告訴你可以和他成交了。店員就是要準確把握顧客所發出的這種信號，以最快的速度促成買賣。

購買信號的表現形式是複雜多樣的，一般可把它分爲表情信號、語言信號和行爲信號。購買信號一旦出現，就要立即行動，促進成交。

表情信號是顧客的心理在面部表情中的反映，如目光對商品的關注或分散，面帶微笑、表情嚴肅等均是判斷成交時機的重要依據。

語言信號是顧客在言語中所流露出來的意向，如讚賞商品的性能、質量，故意壓價，挑剔產品的款式，具體詢問有關交貨的時間、地點及售後服務等，都是成交的前兆。

行爲信號是指顧客在舉止行爲上所表露出來的購買意向，如不斷用手觸摸商品並不住點頭，拍拍店員的手臂或肩膀，做出身體自然放鬆的姿勢等均是有意成交的表現。

購買信號極爲複雜多變，在很多情況下，往往幾種信號交織在一起出現，主要歸納爲以下幾種情況：

1.對目前正在使用的其他廠家的產品不滿。這是你成交的好機會，但你不能過分附和顧客，批評其他廠家及其產品，只要適時地強調自己產品的優點即可；

2.要求詳細說明使用時的要求、注意事項以及產品的維修等

售後服務。這表明顧客已經從內心裏決定要購買了，此時有些顧客會就你已經解釋過的某些問題反覆詢問，這時千萬不能急躁，而要耐心地回答；

3.當店員將商品的有關細節以及各種交易條件說明以後，顧客顯示出認真的神情，並把店員所提出的交易條件與競爭對手的條件相比較時，這說明顧客正在做購買的選擇，而你的商品正是他選擇的目標之一；對店員的接待態度明顯好轉，這說明顧客已經信任店員並願意聽取建議，這時就可以提出交易條件，詢問顧客的購買意向了；以種種理由要求降低價格，這是非常有利的信號，說明此時顧客已將產品的支付能力進行比較。要求價格上的優惠是每一位有購買慾望的顧客所要做的，你不能輕易讓步，要判明顧客是否確實想買而又存在支付上的困難。如果不是這樣，你的讓步或許會讓顧客興味索然。

4.顧客的反常行為。當顧客感到猶豫不決時，往往會表現出反常的行為。店員要善於發現、捕捉顧客的這種行為，及時打消顧客的疑慮，促使顧客作出購買的決定。比如，忽然變換一種坐姿，下意識地舉起茶杯或下意識地擺弄鋼筆、手錶等，眼睛盯著產品的說明書、樣品或者長時間沉默不語；身體靠近推銷者，詢問別人的意見等等。

二、促使成交的方法

如果顧客沒有發出購買信號就說明你工作還沒有做到位，還應該進一步刺激而不宜過早地提出交易。但這時又不同於一開始向顧客做的商品推銷，而是要採取一些方法促使顧客發出購買的信號，下定購買的決心。以下是幾種促使顧客成交的方法，店員可以借鑑運用。

1.選擇成交法

通過向顧客提供一些購買決策的選擇方案，請顧客作出購買產品的決策。如，您是買 5 盒還是買 10 盒？實際上這種方法是把選擇權交給顧客，而把成交主動權留給自己。

2.讚美法

利用顧客的虛榮心，對其進行讚美、擡高，使顧客陷入困境，不好意思不買，從而達到銷售目的。如「這位先生這麼有氣質，平常一定很會保養，想必您對健康的投資一定很重視吧」。

3.激將法

即店員運用恰當的語言技巧巧妙地刺激顧客，但又不傷顧客的自尊心，使顧客在逆反心理的作用下作出購買決定的方法。

4.假定成交法

店員只管提出一些購買產品後的事項，而不與顧客談論購買，進行一種設想成交，誘導顧客作出購買決策。如使用產品的注意事項、送貨細節等。

5.冷處理法

在耐心進行了講解，並化解了顧客所提出的異議後，如果顧客還在猶豫，可暫時不再跟進，作一下降溫冷處理。如保持一段時間的沉默，讓顧客自己開口來打破僵局或讓顧客自己再翻閱一些資料，從而促使顧客自己發出購買信號。

6.名人效應

舉出一些知名人士或顧客較爲熟悉的人使用的例子，或者就某些相同的事物進行生動的描述。例如，此前也有一些顧客跟您是一樣的身體情況，在使用產品後感覺如何等等，來促使顧客效仿，最終進行購買。

7.從眾成交法

從眾心理是人類社會固有的長期存在的社會心理現象。店員要巧妙地對顧客的從眾社會心理加以利用，以促使顧客立刻購買

推銷商品。例如，當週圍環境中的人們都擁有某種品牌的電冰箱時，沒有購買的顧客也會感到無形的團體壓力，從而自動產生購買行為。

8. 提示成交法

即在對顧客進行一定程度的說服後，店員再把商品的各種優勢要點及購買後的利益進行概括匯總，從而有力地促使顧客作出購買決定的方法。

運用此法時，店員必須非常熟悉產品各方面的特性，特別是應準確地從推銷說明中判斷出顧客非常感興趣的產品特點和特殊利益，然後以此為要點進行匯總概括，以引導顧客作出購買決定。

9. 優惠法

即店員向顧客提供包括某種優惠條件在內的額外誘因，以誘導顧客購買的一種成交方法。其實質就是利用顧客的求利心理達到成交目的。

優惠成交法可大批招攬顧客，短時間內打開市場銷路，但應注意的是長期使用必定會助長顧客對優惠條件提出更進一步的要求，從而使該法的激勵作用喪失，因此應當謹慎應用，適當地留有餘地，絕不能一味地讓步。

10. 只剩站票法

也稱機會成交戰術，即店員以誠懇的態度指出顧客為什麼現在必須購買，如果猶豫不決的話，以後就沒有機會了，提醒顧客這次是最後一次成交的機會了。當某種推銷品只剩最後幾件時，或某種商品在推出新產品之前，店員常運用此法。

第十五節　店員提高 10 倍業績的公式

　　您現在的銷售收入是多少呢？你可不可能在 10 年之內使收入增加 10 倍呢？聽起來似乎是不可思議。但是，不是說現在一兩年之內增加 10 倍，而是指在 10 年之內增加 10 倍！有個公式叫做1000%公式，這個公式曾經幫助很多頂尖的銷售人員在短期之內，大幅增加了他們的收入。

　　首先，1000%的公式是說，讓自己在每週工作中使自己的業務績效增加 0.5%。要求自己稍微注意一下自己的時間管理，稍微推銷勤快一點，多花一點時間，研究同行競爭者，早一點開始工作，晚一點下班，拜訪好一點的客戶。多發揮些創意，多認識一下產品的效益。總之，使自己在每一週內提高 0.5%的工作績效；如此累積下來，你一個月會增加 2%的績效；一年下來你可以提高 20%的收入。當你持續地努力，每年做相同的工作不斷改善自己的工作表現，10 年之內你的績效總共提升了 1000%，你知道嗎？就是這麼簡單！接著呢，要討論決勝邊緣的觀念，要使自己的業績增長 10 倍，並不是要把自己變得 10 倍聰明，付出 10 倍的努力，而是找出關鍵因素，使自己稍微做一些改變，就能使結果倍增。

　　累積定律告訴我們，所有偉大的成功都是由小處成功一一累積起來的。所以，要注意到每一個細微的小事，每一件小事情都有影響，每一個微不足道的努力都有關係。那麼怎麼樣去應用1000%公式呢？你必須不斷地自我操練以下的七件事。

　　第一，每天早上花費 30～60 分鐘時間閱讀，不要看報紙雜誌，要看有教育啟發性並且能增長智慧的書籍，如果你每天看 30～60 分鐘跟自己行業相關的書，並且仔細地作筆記，三年內，你

就會成為自己行業中的權威；四年之內，你就是專家了；五年之內，你就成為被社會所認可的專業頂尖人士了！

第二，要回顧自己的工作目標，每天把目標重寫一次，使目標深植入你的潛意識，增加你工作的能量。

第三，預先把一天的工作想清楚，好好地組織跟規劃。

第四，為你要做的事情設定優先順序，有效地利用你的時間，隨時都在做當時最重要的事情，要求自己全力以赴。

第五，隨時聆聽錄音帶。有空就聽，使自己沉浸在不斷充實知識的環境中。

第六，每天拜訪完客戶之後問自己兩個問題。第一個問題，今天我做對了些什麼事？第二個問題，今天那一件事我會以不同的方法來做？回顧自己所做的，真誠地檢討自己。

最後一件事，將每天你所接觸的每一個潛在客戶，都視他為願意跟你簽訂百萬元生意的客戶。都將他視為會深深影響你銷售前途的客戶。如果依照上述步驟不停地努力操練自己，你一定會發現 1000%公式在你身上確實地發出效果，使你的收入增加 10 倍！

第 *8* 章

店員的服務工作

第一節　做好商品的銷售服務工作

　　銷售是商品經營的最後一個環節，也是最爲重要的一個環節。銷售是店員工作最主要的內容，是零售企業獲得利益的直接方式，也是顧客獲得滿足的必然途徑。

　　銷售的過程實際上也是店員爲顧客提供服務的過程，店員能否贏得顧客關鍵就在於能否做好銷售服務。按照顧客購買商品的過程，可以將銷售業務的過程分爲三個階段，即售前、售中和售後。如果店員能夠在這三個階段中都做好銷售服務，那麼就能夠抓住顧客，完成銷售使命，爲自己和企業贏得成功。

一、售前服務

　　所謂售前服務是指銷售商品之前爲顧客提供的服務。售前服務是做好銷售工作的前提和準備。售前服務使商品在良好的銷售環境下，以最好的狀態展現給顧客，可以增強顧客對商品的瞭解

程度、信賴程度，幫助顧客產生購買慾望。同時，售前服務也是一種有力的促銷手段。它主要有以下內容：

1. 商品陳列

在商場裏，有效的陳列商品才能引導顧客很容易地找到自己所需要的商品，爲顧客提供方便。對超市而言，顧客出入集中處、與視線等高的貨架、顧客流動路線兩旁的貨架是最佳陳列點。陳列的商品要豐滿、美觀、醒目，並且如果陳列得當，陳列本身就是對商品的一種宣傳，本身不怎麼暢銷的商品可能因此而成爲暢銷品。

2. 對商品的廣告宣傳

廣告是企業借助媒體爲顧客傳遞商品和服務資訊，激勵消費並促進銷售的一種宣傳手段。要做好廣告，一定要先瞭解商品、競爭對手、市場、各類媒介的特性，再根據需要選擇報紙廣告、郵寄廣告、售點廣告（POP）、戶外廣告、包裝廣告等多種形式。

3. 提供各種方便

零售企業應本著顧客的需要，根據自身條件，採取一些措施，爲顧客提供各種方便。如設置物品寄存處、茶座、休息座椅、存車處、兒童樂園等。

4. 提供技術咨詢和技術指導

許多企業都採取了這種服務方式，如某文化用品商店長期爲顧客提供電腦操作培訓，直至顧客掌握了有關技術爲止，這樣大大刺激了顧客的購買慾望，促進了產品的銷售。

以往企業都不太注重售前服務，只是在推銷和售後服務上花費力氣，而現在企業必須從售前服務開始做起。這是因爲一方面現在面臨的是一個「商品過剩」、「資訊過剩」的時代，顧客購買商品不僅會「貨比三家」，而且會「挑三揀四」，在商品質量、價格同等或相差無幾的條件下自然會選擇服務週到的商家。另一方面，電腦、通訊類等消費市場中的新寵往往有較高的科技含量，

而顧客的相關知識又比較有限，所以做好售前推廣介紹將會起到引導顧客消費的作用，從而有利於商品的銷售。

二、售中服務

售中服務是指售貨員在商品銷售的過程中為顧客提供各種方便條件和服務，這種服務與顧客的購買行動相伴隨，它是實現商品銷售的核心環節。售中服務包括熱情接待顧客，熱情地為顧客介紹商品的性能、特點、用途、保養方法，詳細地說明商品的使用方法，幫助顧客挑選商品，區別不同顧客選擇不同色彩或式樣的商品，充當顧客的參謀，解答顧客提出的問題，辦理成交手續，為顧客包裝商品等。售貨中向顧客提供主動、熱情、耐心、週到的優質服務，往往能激發顧客的購買行為，讓他們高興而來，滿意而去，有利於提高商店的效益。服務中應做到：

首先，店員在接待顧客時，要十分注意使用禮貌用語。店員的禮貌習慣用語一般表現在：顧客來時有迎聲，顧客詢問有答聲，顧客購物後有感謝聲，不能滿足顧客需求時有致歉聲，顧客離店時有道別聲。店員說話要準確，含義要清楚，用詞、用語及造句都要合乎規範。接待顧客時要講普通話。

其次，店員在接待顧客時要有過硬的操作技能技巧，具備豐富的商品知識，能為顧客熟練地介紹商品，成為顧客購物的好參謀，包裝商品做到外形美觀，捆紮牢固，便於攜帶，方便顧客，計價收款時準確迅速，節約顧客的時間。

三、售後服務

售後服務就是指商品售出之後為顧客提供的服務，這種服務多為無條件的服務。熱忱的售後服務不僅可以加深顧客對商品的

滿意程度，樹立顧客對商品的安全感和對企業的信任感，還可以爭取到更多的新顧客。現在售後服務的方式內容已經十分豐富，成爲市場競爭的一個主要方向，因爲在質量、價格基本相當的商品中，服務往往成爲顧客選擇商品的重要因素。如顧客購買家用電器，大多數都會考慮到能否送貨上門，能否提供保修，所以，服務的方式越多、態度越好、質量越高，就越能贏得顧客。熱情、方便、週到的售後服務，可以消除顧客的後顧之憂，鞏固已爭取到的顧客，促使他們連續購買，同時，通過這些顧客間接的宣傳和輻射性的傳導，還可以爭取到更多的新顧客，開拓新市場。

售後服務的方式主要有：

1.包裝服務

除廠家爲保護商品的必需包裝外，店員可根據顧客的要求，對商品進行精致的包裝。包裝過的商品要美觀、結實，便於攜帶，如對禮品的包裝，要使商品更加漂亮。

2.送貨服務

若顧客購買的商品較爲笨重或體積龐大，自己攜帶不便，或者顧客有特殊困難，零售店應安排把商品送到顧客家裏，以方便顧客。送貨時要注意保護商品，對於有困難的顧客要幫助其將商品送上樓、搬進屋，並安放好。

3.安裝服務

顧客在購買冷氣機、抽油煙機、熱水器等商品時，由商家派人上門服務，免費進行安裝，使顧客儘快地使用商品。這樣既方便了顧客，又提高了企業的聲譽。安裝服務要注意質量，讓顧客滿意、放心，安裝完成後應清理工作現場，不給顧客增加任何麻煩和不便。

4.「三包」服務

「三包」服務即包修、包退、包換服務，包修是指對顧客購買的本企業商品，在保修期內實行免費維修，超過保修期則收取

維修費用，有些產品實行終身免費保修。包換是指顧客購買了不合適的商品後，一定時間內可以調換。包退是指顧客對購買的商品不需要，或者感到不滿意，或者有嚴重的質量問題時，能保證退貨。店員在接待退換商品的顧客時，要禮貌、熱情，不推脫責任，不冷落顧客，實事求是地澄清事情的原委，主動進行退換工作，對於不能退換的商品，要耐心解釋，說明不能退換的原因。

5.諮詢服務

顧客購買商品後，要瞭解有關商品使用、保養、維修等方面的問題，店員應及時給予解答、指導，使之滿意。

第二節　伶牙利齒不等同於服務

每個人都有受尊重的需要，要想和人溝通，首先就要尊重他。尊重顧客，使其能愉快地購物，是店員的服務本分。

尊重不是想到就好了，主要是要表現出來，讓顧客體會到。在銷售過程中，店員與顧客交談時態度要誠懇熱情，措辭要準確得體，語言要文雅謙恭，不要含糊其辭，吞吞吐吐；不可信口開河，出言不遜。

店員對售貨服務的三原則，延伸出來就是服務的 4S 要求，這四個要求是：迅速（Swift）、微笑（Smile）、誠懇（Sincerity）、利落（Shrewd），由於這四個詞在英文中都以「S」打頭，所以稱之為 4S 要求。

一、售貨服務的原則

隨著社會的進步，生產力的提高，商業競爭的發展和買方市

場的逐步形成，顧客進商店購物的目的，不僅爲了買到稱心如意的商品，而且要求得到良好的服務。

商店服務水準的高低，影響著顧客的購物心理和行爲，從而影響著商店的形象，進而決定著商店的銷售額和利潤。因此，店員必須掌握顧客對銷售服務的心理需求，遵循售貨服務原則。

1. 平等待客的原則

店員對顧客要一視同仁，公平對待，不管顧客是誰都應一樣的熱情對待。

每一位顧客都希望自己受到和別人一樣的熱情接待，享有和別人同樣多的權益。如果顧客在商店得到店員的尊重，禮遇和熱情服務，就會得到心理上的滿足，以後就會再次光顧商店。正確的服務態度應該是不論顧客年齡大小、容貌美醜、著裝好壞、花錢多少、購買與否都一律熱情接待，使顧客產生賓至如歸的感覺。在平等待客的基礎上，在不影響其他顧客的情況下，如果店員能夠適當的採用一些服務技巧，使顧客在心理和感情上都覺得自己比別人得到的多一些，就會產生更好的效果。

2. 真誠待客的原則

店員要以自己的熱忱，誠心誠意地接待顧客。每個顧客在購物的過程中，都希望店員向他們提供更多的信息，希望得到更多的服務。如果店員對顧客毫無誠意，就絕對吸引不了顧客。只有店員對顧客誠心誠意，才能打動顧客的心。店員除了將商品賣出外，更應讓顧客覺得錢花得值得，在心理上得到滿足感，才會想再度光臨。

3. 主動待客的原則

店員應在售貨服務的各個環節上，處處充分發揮自己的主動性，主動爲顧客服務。

售貨服務的真正含義是：在顧客需要時，店員應當用顧客希望的方法，提供符合顧客願望的幫助，使顧客花最少的時間和精

力，買到所需要的商品。店員要做到主動服務，必須要有一顆熱情的心，對顧客懷有深厚的感情。還必須精通業務知識和具有熟練的操作技術，以保證在主動服務中取得良好的效果。

二、售貨服務的要求

1.迅速（Swift）

其含義是以迅速的動作表現出活力。

快速服務是商店在競爭中擴大銷售的一條重要經驗，提倡快速服務，是爲了使顧客能夠及時買到商品，以適應現代人快節奏的生活。

店員一上工作崗位，就應察顏觀色，把握顧客購買心理，急事急辦，先易後難，處理好每筆生意。商店也要盡一切可能爲顧客提供方便，包括備足商品；商品陳列要便於顧客比較；售貨方式要便於顧客挑選；店員介紹商品要簡明扼要，重點突出；收款找零要準確迅速；包紮商品要熟練快捷。總之，既要使顧客滿意，又要最大限度地減少顧客等候的時間。

2.微笑（Smile）

其含義是以笑容和微笑表現開朗、感謝的心情。

店員的臉上必須時時帶著笑容，這是所有商店的服務信條。微笑可以傳達誠意。發自內心的微笑，才會讓人產生愉快的感覺。店員不應該把個人的煩惱帶到工作中去，更不可把顧客當成「出氣筒」。店員應多站在顧客的角度考慮問題，對顧客多一份體諒，少一份抱怨，在任何情況下都不要與顧客發生衝突。

微笑服務不僅是職業道德的體現，也是維護商店形象應盡的義務。爲了讓顧客心情愉快地購物，店員必須時時面帶微笑。

3.誠懇（Sincerity）

其含義是以真誠不虛僞的態度從事工作。

經商之道重在誠懇和感謝的心態。店員應該爲每一位顧客挑選及推薦他真正需要的東西，如果抱著非賣不可的想法，說些違心的謊言，企圖把商品推銷給顧客，這就不是以誠懇的心意來對待顧客了。店員在工作中，要以誠懇和感謝的心意來接待顧客，以一顆真誠的心來爲顧客服務。

4.利落（Shrewd）

其含義是以靈活巧妙的工作方式來獲得顧客的信賴。

利落，就是要迎合顧客的要求和心理，把事情做得有板有眼、漂亮、乾脆。利落還包括服裝整齊、化妝適宜，動作迅速等要求。店員的穿著、談吐、舉止，影響顧客對商店的第一印象，所以店員千萬不能奇裝異服、濃妝豔抹，甚至有不雅舉止在客人面前出現。店員在工作繁忙時，要做到耳目靈敏、服務動作迅速準確，以縮短每筆生意所費的時間，爲更多的顧客服務。

迅速、微笑、誠懇、利落是對顧客服務技巧的要求。店員務必按 4S 要求來接待顧客，始終保持良好的精神狀態和愉快的心理，使顧客能充分享受到購物的樂趣。

📢)) 第三節　不要把壞情緒帶到工作場所

人非草木，孰能無情？每一個人都有他的喜怒哀樂，店員也是如此，爲了更好地爲顧客服務，就要避免把不利的情緒帶到工作崗位上去，諸如悲哀、憂愁、惱恨、煩躁等，都是不利於店員進入角色的情緒，應設法克服和化解。

對店員來說，顧客是最重要的。

・顧客是商業經營環節中最重要的人物；

・顧客是店員的衣食父母，一切業績與收入的來源；

• 顧客是商店各種經營活動的血液；

• 顧客是商店的一個組成部份，不是局外人；

• 顧客是店員應當給予最高禮遇的人；

因此，顧客至上，顧客是王，顧客永遠是對的。

有一位店員，一上櫃台，就像演員進入角色一樣，精神飽滿，舉止大方，給人以親切和藹的感覺，顧客對他頗為滿意。

但是，有一次，他母親半夜突然發病，由他陪著送進醫院。早上，他照舊上班，由於十分疲憊，心裏又惦記著母親，所以，在櫃台上精神振作不起來，一連幾筆生意都看不到顧客滿意的笑容。當他意識到後，喝了口水，定了定神，丟開家事，進入角色，很快又出現了顧客滿意的笑容。

當情緒不佳時，店員可用以下辦法調整自己的情緒。

1. 積極參加營業前的工作例會，運用工作例會上的工作佈置、互通情況而使自己拋開不良情緒，提前進入工作狀態。

2. 要主動、熱情地和同事打招呼，營造一種關係融洽的工作環境，使自己心情舒暢。

3. 進行自我調節，安靜地獨處一會兒，心中反覆告誡自己：忘掉煩惱、振作精神，或者想一兩件使人愉快的事情。

第四節　店員的諮詢服務

所謂諮詢服務是指為顧客解答各種疑問，幫助顧客完成購買活動的服務過程。隨著現代社會的發展，諮詢服務在整個商業服務過程中呈現的作用也越來越大。

做好諮詢服務，當好顧客的商品顧問，是店員為顧客提供的最基本的服務。

一、諮詢服務的種類

根據服務環境的不同，諮詢服務又可分爲現場諮詢、電話諮詢、信函諮詢和網路諮詢四類。

1. 現場諮詢

現場諮詢是商品店員在自己經營的商品櫃台前，現場解答顧客提問的一種服務方式。這是諮詢服務中應用最多、影響最大的一種諮詢服務方式。它有兩個突出特點，一是直接，即顧客與店員面對面直接交流，因而資訊反饋迅速，易於雙方的溝通，二是直觀，即顧客提出的問題一般都是圍繞櫃台內陳列的商品，店員爲顧客提供諮詢服務時，可以通過展示或演示樣品，形象、生動、直觀地解答顧客疑問，使顧客全面瞭解商品，對商品産生深刻的印象。在諮詢現場，店員通過和顧客面對面的交流可以發現顧客的需求，捕捉顧客的購買心理，從而可以在諮詢的過程中向顧客展示、推銷商品。需注意的是店員的推銷語言必須是隱含在對商品的相關介紹、對顧客提問的回答中的，否則會引起顧客的反感，導致顧客流失。

2. 電話諮詢

電話諮詢是利用電話解答顧客問題的服務方式。隨著現代通信技術的普及與發展，電話諮詢已經成爲顧客普遍選擇的諮詢方式。它的特點是迅捷、高效，許多商店和廠商還專門爲顧客提供了免費諮詢的熱線電話，更加方便了顧客的諮詢。但是它的不足之處在於「只能聽其音，不能觀其形」，諮詢雙方不能見面，對雙方的溝通，對顧客瞭解商品有一定影響。當然隨著可視電話的發展與普及，這將不再成爲缺點。

無論那種諮詢方式都各有不同的特點與優勢，不同的顧客會根據自己的具體情況選擇不同的諮詢方式。而作爲店員也應當針

對不同的服務內容、服務對象與不同的諮詢服務方式的特點，取長補短，爲不同的顧客提供適合的商品諮詢，努力提高諮詢服務的質量與效果。

二、諮詢服務的內容

顧客在購買過程中向店員諮詢的問題是多種多樣、千差萬別的，但是對於店員來說每一個問題都必須給顧客一個完美的答案，這樣才能留住顧客，讓顧客最終作出購買的決定。因此，瞭解諮詢服務的內容，做好充分的準備，以便爲顧客提供完美的諮詢服務就成爲店員的義務。

諮詢服務的內容主要有以下幾方面。

1.講解商品的有關知識

爲顧客講解商品知識，幫助顧客挑選、鑑別商品是諮詢服務工作的主要內容。商品的相關知識主要包括商品的質量、性能、特點、使用與保養等。

⑴商品的質量、性能

正確地介紹商品的質量，可使顧客相信所付出的錢與其所得到商品價值相等，從而產生物有所值的滿足感。店員必須熟悉商品的性能，在瞭解顧客的購買目的及使用要求的情況下，引導顧客選擇性能適用的商品。如照相機品種多，不同款式、型號之間設計要求有較大差別，店員應依據顧客的使用要求，有針對性地介紹，幫助顧客挑選和鑑別商品。

⑵商品的特點

所謂商品的特點，就是商品的個性，是某一商品區別於其他商品的突出標誌。不同的顧客需要不同特色的商品，店員要針對不同顧客的需求，突出介紹商品的特點，以激起顧客的興趣，促成交易。對各種商品的特點，店員要刻苦鑽研，反覆比較，尤其

是對同類、同規格而不同品牌的商品個性更要注意區別。

⑶使用方法、保養知識

正確使用商品，不僅關係到商品的壽命及使用安全，也關係到商品功能的有效發揮，是顧客經常諮詢的問題。店員要對各大類商品的使用方法及注意事項了如指掌，並能正確地向顧客進行介紹。商品保養是指商品在搬運、貯藏、使用中的保管與維護。店員應熟悉並掌握有關商品的搬運、拿放、擦拭、清洗、整理、收藏、儲存、潤滑等初步保養知識和保養操作技能，並能正確地向顧客進行介紹。

⑷商品的生產技術和構成原料

商品的原料構成和生產加工技術，對商品的質量、性能及使用壽命都有重大影響。對自己所經營的商品，店員應能較詳細地瞭解原料構成和生產加工的技術情況，並能對原材料的質地和技術水準進行初步的鑑別和判斷。

2.組裝、調試商品

對於在出廠時實行分件包裝的商品，店員要能夠對其進行組裝，如果商品的使用功能複雜，店員還要按照說明書進行調試，保證顧客可以在購買後順利地使用這些商品。在顧客問到相關知識時，店員既要能向顧客講解明白，又能操作示範。

3.為顧客提供準確的市場信息

顧客作爲市場中的個體消費者，對於市場上的商品資訊比較饋乏，因此在選擇商品時常會不知所措。而店員有接觸大量商品的機會，加之有較豐富的商品知識和營銷經驗，就可以向顧客提供準確的市場信息。

這方面的資訊主要有商品的發展趨勢、流行程度，商品性能及內在品質和外觀樣式，商品種類、型號、規格，商品的優、缺點及與同類商品的異同，商品的使用情況及顧客反饋的資訊，商品的價格，商品的保養、儲存、維修常識及維修服務部門的服務

資訊等。

4.提出建設性意見，幫助顧客選購適合的商品

向顧客提供購買意見是一件一舉兩得的事，店員何樂而不爲呢？一舉兩得的關鍵在於店員能夠提供怎樣的意見。要想提供令顧客滿意的意見，真正幫助顧客選購商品，店員必須善於揣摩、分析顧客心理，把握顧客的需求，針對顧客的需求提供合適的意見。要把握顧客的心理可以從顧客的年齡、性別、職業、文化程度、民族、宗教、居住地區、風俗、消費習慣及購買能力等多方面入手，既要學習必要的心理知識，又要靠工作實踐的積累。

此外，要注意的是店員在提出建設性意見，幫助顧客選購商品時，應把自己的言行限制在介紹商品知識、提出建議、幫助選擇的範圍內，不要越俎代庖，以免產生強買強賣之嫌或引起糾紛。

第五節　掌握顧客服務的技巧

能爲顧客提供良好的服務，顧客才能感受到你的真誠，所以店員必須掌握一些爲顧客服務的技巧，全方位地爲顧客提供優質的服務，讓顧客高興而來、滿意而歸。

一、要掌握服務技巧

服務是增值銷售的秘訣。滿腔熱情的服務，往往使人心動，使不想買商品的顧客會買你的商品；使買過你的商品的顧客，心裏產生下次還要到此處來買的心理。

1.掌握顧客心理

顧客走進商場的大門或是自己所在的營業櫃台，店員怎樣才

能瞭解顧客想要購買的商品是什麼呢？這可以從顧客的對話，以及顧客對商品的選擇來推斷顧客想要買的商品。千萬不要一味推銷某些特定的商品，以免造成顧客的反感。通過對話，觀察顧客的需求重點，掌握顧客的心理，然後針對其需求進行推銷，才能增加銷售的機會。

2. 熟悉接待技巧

一個店員每天要接待各種各樣的顧客，能否讓他們高興而來，滿意而去，關鍵就是要採用靈活多樣的接待技巧，以滿足顧客的不同需求。店員在接待不同身份、不同愛好的顧客時應運用不同的方法：

(1)接待新上門的顧客要注重禮貌，以求留下好的印象；

(2)接待熟悉的老顧客要格外熱情，要使他有久逢摯友的感覺；

(3)接待性子急或有急事的顧客，要注意快捷，不要讓他因購物而誤事；

(4)接待精明的顧客，要有耐心，不要有厭煩表現；

(5)接待女性顧客，要注重推薦新穎、漂亮的商品，滿足她們愛美、求新的心態；

(6)接待老年顧客，要注意方便和實用，要讓他們感到公道、實在；

(7)明確購買的顧客，應主動打招呼，按其要求拿遞商品，並迅速展示，乾淨利落地收款付貨；

(8)猶豫購買的顧客，應儘量讓顧客多瞭解商品，認真地為顧客介紹，站在顧客的角度來幫助挑選，促進顧客的購買。

3. 儀容整潔

店員的儀容是商場給顧客的第一印象。服裝褶皺不堪的店員容易給顧客留下商場店面不整潔的負面印象，但也並非要濃妝豔抹，以淡妝適宜為主。為了企業的整體形象，許多商場對店員的服裝要求制度化，通過統一的制服來塑造企業的整體形象，形成

另一種統一美，而且還表示該商場提供統一的服務。

4.笑迎「上帝」

微笑在人的生活中十分重要，它是滋潤心田的陽光雨露。微笑是店員的看家本領，須臾不可離身。店員的微笑必須是發自內心的，不能過於僵硬。要發出會心的微笑就要求店員必須心胸寬闊，感激生活。通過微笑，店員能與顧客進行情感溝通，使顧客感到親切。

5.講究語言藝術

「溫語慰心三冬暖，惡語傷人七月寒」，語言是最容易撥動人心弦的，也是最容易傷透人心的。店員主要靠語言與顧客溝通、交流，語句是否熱情、禮貌、準確、得體，直接影響到顧客的購買行為，並影響顧客對店鋪的印象。

店員在說話時應當注意，語言有邏輯性，層次清楚，表達明確，話語突出重點和要求，不需無謂的鋪墊，不講多餘的話，不誇大其辭，不吹牛誆騙，不侮辱、挖苦、諷刺顧客，不與顧客發生爭論。

6.告知商品訊息

店員對各種商品的情況都十分瞭解，而一般顧客則不可能對每樣商品的促銷活動都能瞭解得一清二楚，因此通過店員的口頭告知，隨著顧客對商品資訊的瞭解，顧客的購買意願通常都會相當高，很少有顧客願意錯失誘人的促銷機會。因此一方面店員要熟悉商場中的各種促銷活動、商品資訊，另一方面還要主動把這些資訊告訴給需要這些資訊的顧客。

7.運用展示技巧

展示商品能夠使顧客看清商品的優點，減少顧客的挑選時間，引起顧客的購買興趣。店員在做商品展示時，一定要儘量吸引顧客的感官，要通過刺激顧客的視覺、聽覺、觸覺、嗅覺來激發他們的購買慾望。對於服裝類的商品，可以用架子來展示，對

於鞋帽類產品，可以用模特展示，對於日用百貨，可以通過試用展示，對於家用電器，可用通過試聽或試用展示。

8.顧此而不失彼

很多商場可能會遇到這樣的情況，在某個節日或是促銷期，可能在同一時間內有很多顧客湧進商場，讓店員應接不暇，顧此失彼，經常會發生接待了新顧客後，而把上一個顧客的需求拋在腦後或是讓人等待多時，這對先來的顧客顯然是不公平的。對此，店員最好的解決辦法是事前做好出貨順序的規劃。專櫃店員最好的作法是請求其他同事的支援，以免使顧客產生不被重視的印象。

二、對顧客富有人情味

服務業直接向顧客提供的，是服務或者勞務，服務業每天都接待許多顧客，或者介紹商品，或者送上飯菜，親自招待住宿……等等。那麼，這些店舖應當怎樣爲顧客服務？顯然，應當待顧客如同親友，做到客氣、殷勤、細心、週到，富有人情味。只有如此，才能使顧客感到溫暖，產生好感，留下深刻的印象，並贏得顧客的贊譽，強烈地吸引顧客前來光顧。

有一旅館，非常注重「全員公關」，要求每一個員工都必須處理好和顧客的關係，熱情爲顧客服務，讓顧客就像回到自己的家一樣，因此，受到了顧客的高度讚揚。

展覽會旺季時，投宿人數多，三位女顧客深夜來到旅館投宿，當時已經客滿，值班服務員馬上把會議室整理出來安排她們住下，並說明可以降低收費標準。經理也親自問候他們；服務員又立即送上毛巾，泡上熱茶，請她們好好休息。她們住了幾天，臨走時，服務員幫他们把行李送到門口，表現出戀戀不捨之情。她們很受感動，一齊說道：「我們下次來，一定再住你們的旅館！」

旅館的設備中級，收費不高，但服務水準卻達到了上乘，「回

頭客」佔很大的比重，而這些老顧客，當然也介紹了許多新顧客。

三、不怕麻煩，有求必應

聰明的店舖能够樹立一個全心全意爲顧客服務的形象，使人認爲店舖考慮的都是用戶的需要及用戶的利益。他們寧願自己麻煩千遍，甚至不顧自己的利益受到損害，也要滿足用戶的需要，爲用戶提供方便。這種行爲表現出了店舖的服務品質的高水準。正由於此，這些聰明的店舖才與廣大用戶建立起密切融洽的相互關係，受到了高度讚揚。既然得到越來越多用戶的肯定和支持，那麼，這些店舖或商場當然會日益繁榮興旺。

四、百問不煩，百拿不厭

某商場，從店裏的店長到服務員都有著很高的職業道德、很強烈的公關意識，服務員爲顧客提供微笑服務，優質服務，做到了百問不煩，百拿不厭。

一天，兩個顧客來買皮鞋，剛走近櫃台，服務小姐就立即面帶微笑地打招呼：「先生，您好！你要買那一種皮鞋？」兩位顧客要求服務小姐當參謀，幫助選購，服務小姐揣摩顧客的心理，拿出幾種新穎大方的皮鞋，熟練地介紹產品、價格和特點，顧客經過仔細觀察和相互比較，選中了其中一雙皮鞋，在拿出錢包付錢時，忽然發現帶的錢不够，在爲難之際，服務小姐笑著說：「只要您滿意，就把鞋買去吧！缺多少錢我先墊上，我相信你。」兩位顧客很感動，連聲道謝，幾天後，他們送還欠款，還送上一封熱情洋溢的感謝信，稱讚服務小姐是「對顧客最熱情的服務小姐」。

一位女顧客到此商場替丈夫買了一件短襯衣，當時她丈夫不在，買回家後請別人代試，一天到商場換了兩次、四天後她丈夫

出差回來了，試穿不合身，她又到此商場來換。這時，她自己也有點不好意思，服裝組的兩位小姐態度仍然很和藹，又給她換了一件，並且微笑著告訴她：「如果不合適，請再來換。」這位女顧客滿懷感激之情，馬上在顧客留言簿上寫道：「這樣的服務態度太好了！」

　　商店的服務對象是顧客，商店的衣食父母也是顧客，因此，商店對於顧客就應當熱情接待。顧客花錢買東西，總是要買到又便宜又合自己心意的東西，因此必會詢問有關情況，並且挑挑揀揀，所以商店員工應當理解顧客的心理，做到「百問不煩，百拿不厭」，這樣，才能讓顧客滿意而歸，並且讓他們願意再次上門來。

🔊))) 第六節　充分發揮個人魅力

　　在商場櫃台裏，銷售的雖然是產品，但是能吸引顧客的卻不僅僅是產品。在某種意義上講，店員才是櫃台的主角，因爲他們代表著公司的形象，產品的銷售也要經過他們的手才能銷售出去。所以，店員的形象、動作、眼神及面部表情都將影響著客人對商店的印象，也影響著他與店員之間的溝通是否有效，銷售能否取得成功。

一、整體外觀形象

　　作爲店員，具有整潔的儀表是最基本的要求。一個店員如果不修邊幅，將會被看作是一個生活懶散、沒有責任心的人，很難得到顧客的信任和尊重。

　　營業人員要在儀表上給顧客穩重、可信、大方、美觀、整潔

的感覺。個人的衣著打扮要與自己的職業、職務、年齡、性別等相稱，也要與企業的經營環境及工作場所相協調。

店員要具有美好的形象，除了衣著打扮要得體大方外，肢體語言也非常的重要。良好的肢體語言可以大大增加你的親和度，增加顧客對你的信任。

你知道最使顧客惱火的店員行為是什麼？

· 店員之間聊閑天，叫也不過來；
· 店員隔著顧客在來往的過道上大聲說話；
· 店員嘻嘻哈哈打電話，沒完沒了；
· 店員倚牆養神，無所事事；
· 店員斜著眼兒，心眼不善地上下打量著顧客的衣著打扮；
· 店員躲在隱蔽處，偷偷打扮或看書和報。

二、眼睛能傳神

面部表情包括眼神和笑容兩方面的內容。俗話說，眼睛是心靈的窗戶，所以表情的第一要素是眼神。一雙帶著神采、熱情的眼睛比直接的語言問候更能打動他人的心。比如有些顧客可能一開始並沒有進入你的櫃台購物的打算，但是如果你以眼神向其微笑，讓他得到一個「如果需要，我將樂於幫助您」的資訊，這會比直接說出這句話更為自然，效果也會更好。

眼睛加上眉毛是人面部傳遞資訊潛力最大的器官，通過視線和注視方式的變化所產生的不同眼神，傳遞和表達著不同的資訊。銷售過程中最常見的眉眼形態有：

1.「凝視」，即注視對方

凝視的部位和時間長度的不同，給對方造成的影響也不同。在銷售過程中常見的凝視，應該是保持合適的距離（雙方相對時應保持 1 米以內；同時面對商品講解時，店員身體的斜面面對顧

客，以肩內側保持 30cm 以內），店員注視顧客的目光位置以顧客臉部由雙眼底線和前額構成的三角區域為宜，這樣會給顧客以誠懇的感覺。但千萬要注意不要純粹為了完成這個動作而面無表情、目光呆滯。

在為老顧客服務時，店員也可運用凝視對方雙眼上線和唇中線構成的三角區域的眼神，因為這樣能給雙方製造輕鬆的氣氛。

2.「掃視與側視」

掃視常用來表示好奇，側視俗稱斜眼瞧人。在銷售過程中常使用掃視（店員們往往會不經意的在凝視中伴有過多的掃視），會使顧客覺得你心不在焉，對他不感興趣；而過多的側視只會讓顧客產生受到蔑視的感覺，使其對這個店員產生敵意。

3.「閉眼」

正常情況下，人的眼睛每分鐘眨 6～8 次，這種無意識的動作不會給顧客造成不良的感覺。值得一提的是，當顧客對某種商品的評價不正確甚至有些囉嗦時，有的店員會有意延長閉眼或 2/3 閉眼的時間，並且伴有雙臂交叉、晃手、搖頭、歎氣等動作，這種表示「你提的低級問題我不屑回答」的膚淺動作，只會帶給顧客你「目中無人」的感覺，從而使銷售中斷。因此，店員應該注意避免，並嚴禁使用閉眼、晃手、搖頭、歎氣等動作來表示反對或不同意。因為有意識地閉眼、晃手、搖頭、歎氣均屬於結論性的動作，同店員語言表達的服務性和參謀性相違背。

三、優雅的手勢

手勢是店員在銷售服務的交談中使用最多的一種行為語言。它要求手勢和動作一定要彬彬有禮；它強調禮節性，特別適用於大中型商場以及開架售貨的商店。在銷售過程中常見的手勢及其含義有：

- 伸出手掌，手指要伸直微擺，給人以言行一致、誠懇的感覺。
- 掌心向上，手指要伸直，表示謙虛、誠實、屈從，指路的意思；
- 食指伸出，其餘手指緊握，呈點指狀，表示不禮貌，甚至帶教訓、威脅的意思，容易令人生厭；
- 雙手相握或不斷玩弄手指，會使顧客感到這個店員非常拘謹甚至缺乏自信心；
- 用拇指指向另一個顧客，表示藐視和嘲弄。
- 十指交叉置於貨架上或眼前、眉心，表示控制沮喪心情的外露，有時還表示敵對和緊張情緒。

四、服務動作要迅速

　　只有甜美的笑容和良好的服務態度是不夠的，如果不配合敏捷快速的動作，也會讓顧客在等得不耐煩時產生抱怨。

　　在顧客的招呼詢問後，店員應立即停下手頭的工作並回答：「您好，我能幫您什麼忙嗎？」。另外有一種情況是，有些顧客已經花費了很多時間進行商品的謹慎挑選，甚至讓店員覺得很討厭，但是到了包裝或付款時，卻頻頻催促店員。遇到這種情況，店員絕對不要不高興，應該這麼想：「他一定很喜歡這件商品，所以才會花那麼多時間去精心挑選，現在他一定急著想把商品帶回去給家裏人看，所以才會催我」。假如店員在接待顧客時的交涉、商品提示、推薦，以至於結束的各個購買階段都讓顧客很滿意，就是在最後關頭慢吞吞的，使顧客感到不愉快，這是很可惜的。

　　到底要如何提高速度呢？這個問題必須根據顧客和購買的商品來進行區別。對於年輕的顧客動作一定要迅速，因為年輕人容易急躁；而對於年紀較大的顧客則應該從容不迫。對於低價位

的商品動作要快，對於高價位的商品應該是從從容容的，如果是慌慌張張地進行商品處理，可能會讓顧客心理上產生不舒服的感覺，甚至把顧客趕跑。真正動作敏捷的接待顧客的方法，應該是看起來心情很愉快的在迅速做事。為了達到這個目的，店員必須注意下列事項：

- 動作要利落，注意尺度的拿捏。
- 姿勢端正，不拖泥帶水。
- 在店裏行走時不要把腳拖在地上，鞋子要挑選合適的穿。
- 說話要有條理，口齒清楚，不可拖泥帶水、喋喋不休。
- 雖然動作上十分敏捷，可有時候商品包裝需要花費很多時間，或者因為結賬的人排起長隊，一時沒零錢找不得已讓顧客等候，店員或者此時不妨中途告訴顧客：「很抱歉，請稍等一下」。

一個善意的、真誠的微笑，可以迅速地打消顧客與你初次接觸的隔膜；微笑也是感情的催化劑，能吸引顧客對你產生好感，從而覺得自己在此處購物是物超所值。

微笑，應該是一種愉快心情的反映，也是一種禮貌和涵養的表現。作為店員，你只有把顧客當成了自己的朋友，尊重他，你才會很自然地向他發出會心的微笑。只有這種笑容，才是顧客所需要的，也是最美的笑。

◀))) 第七節　發自內心的微笑服務

發自內心的微笑，不僅是職業道德的表現，更給顧客以「賓到如歸」的感受。

微笑是商業職業道德的要求。商業服務工作要求店員要有熱

愛工作職位、熱愛服務對象的工作責任感；認真做好服務工作，充分尊重服務對象的消費需求，給顧客一種賓至如歸的良好感受。作為店員發自內心地對顧客微笑，不僅是工作的職位需求，更是商業職業道德的基本要求。

微笑，是一種程度較淺的笑。微笑的特點：面部有明顯的變化，唇部向上移動，略呈弧形，但牙齒不完全外露，微露出牙齒。這是一種典型的知心會意，表示友好的笑。在接待服務工作中其適用範圍最廣。

商業服務中，對賓客笑臉相迎送，並將微笑出現在服務的全過程、各環節，將影響顧客對服務質量的總體評價。

微笑服務的高標準，國內外都十分重視。著名的美國希爾頓集團董事長在談到企業成功的秘訣時，他自豪地說是「靠微笑的影響力」。他經常問下屬的一句話便是：

「今天，你對顧客微笑了沒有？」

正是希爾頓先生的這種獨特的「微笑經營方式」，使希爾頓集團在經濟十分蕭條的時期戰勝困難，創造出了希爾頓的今天。

一、微笑服務的魅力

1.微笑感染顧客

當顧客花錢消費時，希望得到的是滿意的服務，他不想看到店員一副愁眉苦臉的樣子。當顧客怒氣衝天地來抱怨、投訴的時候，如果你真誠地微笑服務，你就可以感染顧客，使他調整態度，從而有利於衝突的化解。

2.微笑激發熱情

在日常禮儀中，微笑常傳達這樣的信息：

「見到你，我很高興，我願意為你服務。」

店員透過微笑，可以激發你的服務熱情，使你為顧客提供週

到的服務。

3.微笑增强創造力

當你微笑著的時候，你就處於一種輕鬆愉悅的狀態，這有助於思維的活躍，從而創造性地解決一些問題，相反，如果你神經緊緊地繃著，只會越來越緊張，創造力就會被扼殺。

二、微笑的三結合

1.與眼睛的結合

當你微笑的時候，你的眼睛也要「微笑」，否則，給人感覺是「皮笑肉不笑」。眼睛是心靈的窗戶，眼睛會說話也會笑。如果內心充滿溫和、善良和厚愛時，那眼睛的笑容一定非常感人。

2.與語言結合

平時工作中，我們不要光笑不說，或者是光說不笑。當顧客光臨是，我們說：「早上好」、「您好」、「歡迎光臨」等禮貌用語，應搭配著臉上的微笑。

3.與身體的結合

肢體語言也是傳遞資訊的一個重要方面，微笑與正確的身體語言相結合時，才會相得益彰，給顧客以最佳的印象。

三、微笑訓練及方法

不同的笑容，來自不同的方法。笑的共性在於：面露喜悅之色，表情輕鬆愉快。笑的個性則在於：具體的眉部、唇部、牙部、聲音彼此之間的動作配合往往不盡相同。

微笑的具體做法大致上可分爲三點：

首先，額部肌肉進行收縮，使眉位提高，眉毛略微彎曲。

其次，兩側面頰上的笑肌進行收縮，並稍微向下拉伸，使面

部肌膚看上去出現笑意。

最後，自覺地控制發聲系統，一般不應發出笑聲。

怎樣獲得一個迷人的微笑呢？不妨按照以下 3 個步驟練習：

第一步：對鏡子擺好姿勢，說「E——」讓嘴的兩端朝後縮，微張開唇；

第二步：輕輕地淺笑，減弱「E——」的程度，這可感覺到顴骨被拉自後上方；

第三步：相同的動作反覆幾次，直到感覺自然爲止

四、微笑的養成與訓練

微笑的形成，要有發自內心深處對工作的愛，出自真心實意地爲顧客服務，出自良好的職業道德的培養和嚴格的訓練。要使服務人員充分認識微笑服務的重要意義，主動地深入與持久地開展微笑服務。養成微笑服務，要從如下幾個方面要求自己：

表現心境良好：只有心底平和，心情愉快，心理正常，善待人生，樂觀面世的人，才會有真誠的微笑。

表現充滿自信：只有不卑不亢、充滿信心的人，才會在人際交往中爲他人所真正接受。面帶微笑者，往往說明對個人能力和魅力確信無疑。

表現真誠友善：以微笑示人，反映自己心地善良，坦坦蕩蕩，真心待人，與人友善，而非假情假意，敷衍了事。

表現樂業敬業：在工作職位上微笑，說明熱愛本身工作，樂於恪盡職守，認真工作。

🔊))) 第八節　讚美顧客的技巧

一、從眾多缺點中找出優點

讚美被稱為語言的鑽石。出自於內心的讚美會令人心花怒放，也是人與人溝通之間的潤滑劑。

其實，每一個人都有渴求別人讚賞的心理，讚美文辭如同照耀人們心靈的陽光，失去它，便會失去生機。

一位中年婦女領著自己的女兒來到百貨商店的旅遊鞋櫃台，她們邊走邊看，這時店員突然道：「您的女兒真高，上高中了吧？」

中年婦女笑著說：「剛畢業，才考上大學，帶她來買雙鞋。」

「您的女兒可真不錯，多給您爭氣呀！將來一定更有出息，您就等著享福吧！您看您的女兒又高又苗條，這種新款式的旅遊鞋一定適合她。」

「真的，讓我看看。」

這個店員正是利用了母親對孩子的愛，去稱讚孩子，從而吸引了母親的注意。

對店員來說，讚美是一門專業技能。讚美是必須訓練的，在最短的時間裏查找對方可以被讚美的地方更是訓練必須完成的目標。你可以讚美顧客的一條領帶，一件亮眼的襯衫，也可以讚美顧客流行的髮型，新潮的眼鏡，和藹可親的態度，等等。一個失敗的店員可以從一百個優點的地方查找缺點而去批評，而一個優秀的店員可以從一百個缺點的地方查找一個優點來讚美，這就是一個店員為什麼會成功、為什麼會產生不同價值的地方，因為他有通過讚美而接近顧客的潛意識！

　　讚美的內容有多種多樣，外表、衣著、談吐、氣質、工作、地位，以及智力、能力、性格、品格等等。只要恰到好處，對方的任何方面都可以成爲讚美的內容。

二、讚美顧客的說話技巧

　　讚美是一件好事，但絕不是一件易事。讚美別人時如不審時度勢，因人而異，即使你是真誠的，也會變好事爲壞事。所以，開口前我們一定要掌握一定的讚美技巧。

1.獨特優點讚美法

　　尋找讚美點是讚美的前提。只有找到對方的貼切的閃光讚美點，才能使讚美顯得真誠而不虛僞。有很多人很想讚美別人，就是找不到對方的優點，不知該讚美什麼。其實，讚美點非常多，每個人身上都有很多的閃光點，只是我們要有一雙善於發現的眼睛。

　　尋找讚美點的方法如下：

　　(1)外在的具體的。如：服飾打扮(穿著、領帶、手錶、眼鏡、鞋子等)、頭髮、身體、皮膚、眼睛、眉毛等等。這一部份可以稱爲「硬體」，通過肉眼可以看見的。

　　(2)內在的抽象的。如：品格、作風、氣質、學識、經驗、氣量、心胸、興趣愛好、特長、做的事情、處理問題的能力，等等。這一部份可以稱爲「軟體」，是要經過抽象評價來判斷的。

　　(3)間接的關聯的。如：籍貫、工作單位、鄰居、朋友、職業、用的物品、養的寵物、員工、有親戚關係的人，等等。這一部份可以稱爲「附件」。

　　你可以在這些「硬體」、「軟體」和「附件」中找到顧客與眾不同的某一點，儘管是微小的長處，並不失時機地予以讚美，這是獨特優點讚美法的關鍵。讚美用語愈詳實具體，就愈體現出你

對顧客越瞭解，對他的長處和成績看重。讓顧客感覺到你的真摯、親切和可信，你們的距離也就會迅速靠近。

例如，一位穿著優雅的年輕女士在一家首飾店的櫃台前看了很久。店員問了一句：「小姐，可以幫你介紹嗎？」

「隨便看看。」女士的回答明顯缺乏足夠的熱情，可她仍然在仔細觀看櫃台裏的首飾。此時店員如果找不到和顧客共同的話題，讓顧客開口，可能就會白白失去一筆生意。

細心的店員發現了女士的裙裝別具特色:「您這件裙子好漂亮呀？」

「啊！」女士的視線從陳列品上移開了。

「這種斜條紋的色調很少見,是在隔壁的百貨大樓買的嗎？」顯然這是店員在設計話題。

「當然不是！這是從外國買來的。」女士終於開口了，並對自己的回答頗為得意。

「是這樣呀，我說在國內從來沒有看到過這樣的裙裝呢。說真的，您穿這套裙裝，確實很漂亮。」

「您過獎了。」女士有些不好意思了。

「只是……對了，可能您已經想到了這一點，要是再配一條合適的項鏈，效果可能就更好了。」聰明的店員終於轉向了主題。

「是呀，我也這麼想，只是對這種昂貴的商品，我怕自己選的不合適。」

「沒關係，來，我為您找一下。」

最後，這位女士終於在這家首飾店購買了一條自己滿意的項鏈。

2.雪中送炭讚美法

最有效的讚揚不是「錦上添花」，而是「雪中送炭」。對於任何一個最值得讚揚的，不應是他身上早已眾所週知的明顯長處，而應是那些蘊藏在他身上，尚未引起重視的優點。所以，我們就

要學會用發現對方不太引人注目的地方巧加讚美。如對一位很有錢的富翁，你不用讚美他很會做生意，因爲錦上添花的話他聽的太多了，可以讚美他的書法字寫得不錯，或是讚美他的棋下得不錯、字寫得很好，就會有很好的讚美效果。

雪中送炭更好理解，一個不引人注目的人，一個處在困境中的人，一個不被他人所理解的人，若你能給他某一方面的讚美，就有可能尊嚴復蘇，自尊心、自信心倍增，精神面貌煥然一新。失敗的人很多，每個人都抬著頭在期待著別人的微笑，而微笑的人很少，因此，你只對那些期待者施以讚美，他們就會精神大振，在情感上附和你。

所以要落人情，便應洞察此中三味。讚美也不例外，它需要的是雪中送炭而不是錦上添花，也只有雪中送炭式的讚美更容易引起人們的共鳴。

3.逢物加價、遇人減歲讚美法

這是交際讚美的一般原則。最近這些年，你上菜場買菜，到商店購物，特別到旅遊點，想兜生意的人，都會稱你「老闆」。你是否真是老闆，全不重要。進機關辦事，逢人就稱「處長」、「局長」，不管他是真處長還是辦事員。這些個「處長」、「老闆」的稱呼，就有「逢人減歲，見物加價」，給人戴高帽子的味道。人們之所以喜歡高帽，是因爲我們每個人都渴望被讚美和肯定，而高帽正好迎合了人們的這種慾望。高帽運用得好，便能將別人掌握在自己的手中。生意場上也是如此，通過讚美讓顧客不得不爲面子而掏腰包。如：「先生，一看您就是大老闆，平時一定很注重生活價值（如：儀表、生活品位等）的啦，不會捨不得買這種產品或服務的。」

4.生人看特徵、熟人看變化讚美法

第一次見面，我們要尋找他顯著的特徵，第二次見面，就要尋找他身上發生的變化。

在長久的人際關係中，並不是要你天天去找一些令對方震驚的讚美，那樣反而會顯得做作。只有發現對方細微的變化，才能有更好的讚美藉口。久別重逢地問候，是日常問候的效果的三倍。陌生的問候是熟人的問候的效果的六倍。如果能在問候中再加上讚美，效果則會增加到九倍，會令被問候者受寵若驚。

要想與陌生人建立關係，最難的一步便是消除對方的心理抗拒。而要消除對抗，最常用的方法便是語言應景而生，抓住陌生人的特徵，順理成章地自然流暢地讚美。一個剛剛認識的陌生人便用大聲地、投入地、滿懷激情地說出你想讚美的話，這種話一定像一股熱浪一樣很具威力。讚美陌生人不是從他的事業、才學、品德方面下手，而是從他的相貌下手。因爲一個人不論長相如何，都可以對他說出你的感受，瘦子身體健康能吃能喝能跑能跳；看到胖子你可以對他說，心寬體胖一生衣食不缺；眼睛大的你就說他明亮有神，閃耀智慧；臉有麻子你說他麻子三分貴；禿頭的你說是智者的象徵。對任何人，最後都可以下這樣的定語：像你這樣的相貌天下無雙，富貴可期，只要努力，前途無量！

5. **迂廻讚美法**

迂廻讚美法的形式有多種，比如，有時候在兩個人或兩個人以上的場合，我們只直接對一個人讚美是不恰當的，那麼在這種場合，我們通過其他的人，可能是她的戀人，也可能是她的父母讚美她，反而會顯得更協調一些。也就是通過第三者來完成，一下子你的讚美對象就提高了對你的評價。每個人都會有幾個令他佩服的人，如果我們自己人微言輕，讚美他人沒分量，那麼，我們就應該找到對方崇拜的人，通過那些人說的話來滿足對方的虛榮心。

再如，當面讚美別人，讚美得多了，有時對方很容易猜疑，會以爲你一定是爲了某個目的，才這麼厚臉皮地對他讚美。那麼，背後讚美的好處在於他們不會懷疑你的動機。

還如，有時不用直接讚美他本人，而通過讚美與他關係密切的其他人，同樣也可達到讚美的目的。「你的孩子真可愛。」「你的家庭真讓人羨慕。」這時候，氣氛馬上會緩和。據說這已經成為生意場上的生意經，並且已成為人們推銷時慣用的手法。

直線可以縮短距離，曲線也可以迂廻達到同樣目的。讚美也是如此，條條大路通羅馬。對無智慧的人，我們可以從正面讚美他，說服他。對於有智慧的人，我們可從側面，從反面來說通他。總之，沒有說不通的人，只有不正確的方法。

6.虛心請教讚美法

並不是所有的讚美都是甜言蜜語的，有些讚美不需要任何華美的裝飾。徵求意見讚美法就是其中的一個。表面看，你是在向對方請教、學習，實際上暗含了對對方讚美：你真不簡單。我很欣賞你。我很佩服你。例如，「聽說您是這方面的行家，可不可以向您請教一個問題？」

三、把握讚美他人的分寸

讚美就好像一壺醇醇的美酒，不但可以使一個人心曠神怡，也可使一個人神魂顛倒。如果你是一個店員，那麼讚美絕對是一個推銷的好方法，適當的讚美顧客不僅能體現你的修養水準，更能為促成業務推波助瀾。

但是，在讚美別人的時候也要把握一定的分寸。讚美的效果取決於見機行事、適可而止，要做到「美酒飲到微醉後，好花看到半開時」，才會達到預期的目的。

1.真誠懇切，發自肺腑

每一個人雖然都愛聽讚美的話，但並不是每一句讚美的話都可以讓對方開心。能引起對方好感的只能是那些基於事實、發自內心的讚美。與此相反，你如果無根無據、虛情假意地讚美別人，

他不僅會感到你莫名其妙，更會覺得你油嘴滑舌、詭詐虛偽。比如，當你看到一位其貌不揚的小姐，而你卻對她說：「你長的真漂亮。」對方馬上就會認定你所說的是虛偽的違心之言。但如果你著眼於她的服飾、談吐、舉止，發現她這些方面的出眾之處並真誠地讚美她，她肯定會很開心地就接受了。

要確定這個人是不是有值得讚美的地方，不是爲讚美而讚美，要依據現實中的一切。假如無中生有，言過其實，便會有阿諛奉承之嫌，讓人誤以爲你有什麼個人企圖、個人目的。如果你讚美過分誇張，甚至還有可能會造成許多不必要的誤解，把你的讚美理解成諷刺、譏笑。

2.話不在多，而在於「準」

雖然說人們都喜歡被誇讚，但讚美的話並不是多多益善。有時候讚美的話說得「過」了，也會適得其反。所以讚美的話不一定很多，但一定要說準。

一個身材非常好的小姐新買了一件掐腰的短上衣，於是興沖沖地邀女友品評。女友見她穿了新衣越發狀如衣板，不禁脫口說道：「這件衣服並不適合你。」對方面上頓時烏雲密佈。女友見狀轉而說道：「像你這樣苗條又修長的身材，如果穿上那種寬鬆肥大長至膝下的衣服，就會越發顯得神采飄逸、瀟灑大方了。那些又矮又胖的人就穿不出這種氣質來。」小姐聽罷頓時化怒為喜。

店員的話不僅巧妙地暗示了這件衣服不合其身材，而且還誠懇地指出了其擇衣標準，同時用苗條修長這樣美好的詞語指出了其身材的特點，又用矮胖之人作比照，顧及對方的自尊心。一句看似恭維的話，實則蘊含了無限的玄機，從而顯得委婉含蓄。

作爲店員，如果一下子找不出對方很明顯的優點，一時找不出十分準確的詞，那麼，也可來一句萬用讚美詞——「假如我是你，那該多好。」如果我們在讚美中給別人一種這樣的「假如」，表達我們的羨慕和祝願，豈不更會讓對方感到很優越？這是一種

多麼簡單而實用的讚美語。還有一個通用公式，即別人發感慨的時候，你也發類似的感慨，肯定錯不了。因為，人際溝通中的同理心是縮小人際心理差距最奏效的辦法之一。

3.審時度勢，因人而異

真誠的讚美只有切合了對象的特徵，才會打動人。不然，就流於虛情假意了。讚美他人時，還應該切合讚美時所處的環境因素，如社會文化背景、人際關係、未來的發展狀況等。

讚美別人，要審時度勢，因人而異是很重要的一條的原則。見什麼人，說什麼話，即根據對方的文化修養、個性性格、心理需要、所處背景、角色關係、語言習慣乃至職業特點、性別年齡、個人經歷等不同因素，恰如其分地選用詞語讚美別人。

對方性格外向，透明度高，可多讚美他，他會自然接受；若對方比較內向、敏感、較嚴肅，你過多地讚美他，會使其認為你很輕浮、淺薄。若她是一個個性鮮明，男孩子氣十足的女子，你如果誇她長髮披肩，長裙搖曳，婀娜多姿，美麗迷人，她也許並不會感激的，甚至還有可能說你是瞎操心；如果你瞭解她的內心，誇她短髮看起來又精神又有活力，她一定會開心。

4.自然、適度

讚美的尺度掌握得如何往往直接影響讚美的效果。恰如其分、點到為止的讚美才是真正高明的讚美。所以讚美之言不能濫用，讚美一旦過頭變成吹捧，讚美者不但不會收穫交際成功的微笑，反而要吞下被置於尷尬境地的苦果。古人說得好，過猶不及。

讚美與獻媚的目的和動機以及情感的流露都存在著很大的差異，但是使兩者產生區別的最大原因就是一個「度」字，只有把握了「度」，也就是說把握住分寸才不會使讚美變成獻媚。因為一旦讚美得太過火，就極易讓人產生諂媚的印象，即使你的內心並不是那樣。因為，那怕是真理，多跨一步也成謬誤。

讚美不能僅是阿臾和奉承，不能變成一味地吹牛拍馬。要讓

讚美成爲一種尊重客人的方式，一種肯定客人的態度，這樣的讚美才能真正奏效。讚美可以通過別人做槓杆來進行。以店員爲例，在和顧客有緊密聯繫的人面前讚美顧客，時常會讓你獲得一些意想不到的成果。只要適時，讚美可以說是無處不在的；只要恰當，讚美可以說是無時不有的。讚美是爲了讓對方體驗到被肯定，如果用詞不把握分寸，可能會適得其反。直接讚美時最好不使用那些過分的詞語，要準確得體又優雅大方。使用含蓄的方式時，則要語句清楚，切忌猶猶豫豫、支支吾吾，顯得缺乏誠意。

懂得適時、恰如其分地讚美他人，且運用正確的策略和技巧增強讚美效果，能夠有效地維護顧客的自尊心，令對方感到滿足、開心，也能強化你在顧客心中的好形象，使自己成爲人脈大贏家。

🔊))) 第九節　感人的話語如何表達

注意說話時的語氣、語調、內容，才能以情動人，打動顧客的心，得到顧客的認可。

很多人認爲，說話只要意思表達了就行了，至於是怎麼說的，對結果並無大礙，其實不然。語言的優點是直接傳達意思，比起音調來說，它所表達的意思要明確得多。但缺點是資訊含量遠不如語調、語氣那樣豐富，在溝通過程中所起的作用也不如語調、語氣那樣大。

在生活中我們都有這樣的體會，如果有人用誠摯而令人感動的語氣向我們提出意見，我們就不易產生相反的意見。因此，要得到一個人贊同的捷徑就是激起他的感情。那麼，怎麼才能激起顧客的感情呢？

1. 自然

　　說話的態度要自然。舉個例子，許多人學鳥叫聲學得十分逼真，幾乎聽不出那是人模仿出來的，但卻總無法令人感動；但是，如果聽到樹上的鳥在叫，我們立刻就有一種說不出的感動，好像小鳥兒進了我們的心坎。這就是自然和不自然的區別了。

2. 語調

　　聲音太大，是壓力及目中無人的表現；聲音太細，則會予人一種欠缺自信的感覺，令你所講的話沒有說服力。

　　在商場裏，店員都要面帶微笑地跟顧客打招呼，給人一種熱情親切的感覺。要是店員面露怒色，語調不耐煩，說：「歡迎光臨！您要什麼？」雖然還是那幾個字，但感覺卻大不一樣。顧客會覺得她不是歡迎我，而是在趕我呢！

　　與語言要素相比較，語調的作用主要在於感情的表達。它雖然不如語言那樣明確，但傳達信息量卻要比語言豐富得多。一首樂曲能夠感人至深、催人淚下，靠的就是曲調的感染力。語調的抑揚頓挫，緩急張弛，往往比語言更能傳情達意。

3. 語速

　　說話的速度不要太快，也不要太慢，應做到不急不緩，而且要善於調節。一般來說，適當的速度，約為 1 秒鐘大概講 4 個或 4 個半字。當然，遇到比較感性的場面，語速可以適當地加快，努力做到恰如其分。

4. 語氣

　　說話的語氣具有神奇的力量，可以感動人，有個例子：

　　波蘭明星摩契斯卡夫人到美國演出時，有位觀衆請求她用波蘭語講台詞。於是她站起來，開始用波蘭語念台詞。觀衆都覺得她念的台詞非常流暢，但不解其意，只覺得聽起來非常愉悅。她接著往下念，語調漸漸轉爲熱情，最後在慷慨激昂而悲愴的語氣中戛然而止，台下的觀衆鴉雀無聲，同她一樣沈浸在悲傷之中。

突然，台下傳來一個男人的爆笑聲，他是摩契斯卡夫人的丈夫、波蘭的摩契期卡伯爵。因爲他聽出來了，夫人剛才只是在用波蘭語背誦「九九乘法表」而已。

這個故事讓我們認識到語氣有如此神奇的力量，即使不明白其意義，也可以打動人心。我們要恰當地控制說話語氣，來表達我們的感情。要知道，不同的語氣表達的感情是不一樣的：

- 明快、爽朗的語調能讓顧客感到大方的氣質和親切友好的感情。
- 聲音尖銳刺耳或說話速度過快，讓顧客感到店員急躁不耐煩的情緒。
- 說話有氣無力，拖著長長的調子，給顧客一種矯揉造作的印象。
- 單調而平淡的語氣是在對顧客說：「我很煩，對你所說的完全沒有興趣。」
- 緩慢而低沈的語氣傳遞這樣的資訊：「我的心情不好，一邊待著去。」
- 嗓門高高的強調語氣是在說：「我對這件事情很感興趣。」
- 生硬的、嗓門很高的語氣是說：「我很生氣，不想聽任何事。」
- 高高的嗓音伴隨著拖長的語調表示：「我不相信所聽到的這一切。」

5.讀音及咬字清晰

說話含糊、咬字不清，會極大地影響溝通效果。作爲店員，尤其是帶有強烈地方口音的，在平時就應該加強語言的訓練，對一些咬字不清晰的詞語進行糾正。否則，不但會讓顧客聽起來很累，還容易引起誤會。

6.動聽地說話

誰都不喜歡聽那種嘶啞乾澀、軟弱無力、詞不達意、含混不清的聲音。要想讓說話變得動聽，就要使用那種悅耳、生氣勃勃、

圓潤優美的聲音，這是使對方產生良好印象的重要組成部份。

◀))) 第十節　店員遞交名片的禮節

店員在日常工作中，要正確使用名片。

名片，是現代社會以及公務往來、商務交往中一種自我介紹的媒介和交往工具，也是私人交往中的聯誼卡。它便於攜帶，不分職業，不分男女均可使用。在交往中具有表明身份，廣結良緣，聯絡朋友等功能。由於它的用途廣泛，頗受各界的歡迎。

一、遞交名片的技巧

在未曾開口時就遞上名片，並不適宜。若有人介紹，應等介紹完對方和自己後再遞上名片，以使對方進一步了解自己，加深印象。例如，你代表商店去拜訪某公司業務部經理，在未作自我介紹前就先遞一張名片，接名片者的注意力會在你的名片上，而不會去用心聽你的介紹。如果你先作自我介紹和推銷的產品，再遞上名片，那麼效果就完全不一樣了。

遞交名片除了把握時間，還要有禮貌的舉止。應起身站立，使用雙手的拇指和食指持握名片上端兩角，將名片正面迎向對方，然後交予對方。不能將名片向上遞給對方。

在與多人交換名片時，應講究先後次序，或由近到遠，或由尊到卑。一定要依次進行，不可挑三挑四，不可跳躍分發，因為這些都是極不禮貌的行為。

將名片遞給他人時，應該使用些敬語，如：「請多指教」、「認識你真高興」、「今後保持聯繫」等語言作呼應。

名片是自己身份的體現。在進入交往時，要提前準備好名片。名片最好放在專用的名片盒、名片夾裏，也可以放在上衣口袋裏。若著西裝，名片的最佳位置是西裝左內側口袋裏。

將名片放在褲袋裏（特別是後臀褲袋）、錢夾裏、零亂的提包裏，不僅給人雜亂無章的感覺，更是一種失禮的行爲。

二、接收名片的技巧

在名片交換活動中，接受他人的名片後，應口頭道謝，或重覆對方的敬語、謙詞，不要一言不發。

接過他人的名片時，首先要看，這一點至爲重要。必要時，輕聲念出持片人的姓名或職務，以示尊重對方。不可接過對方名片不屑一顧，置於一旁，或放手中玩弄，或隨意裝入口袋，或交給身旁的他人。這些行爲都是失禮的行爲。

如果自己在給多人遞交名片，對方當場將自己的名片遞過來，應立即停止對他人名片的遞交，處理好對方的名片後，再繼續遞交名片，不要左右開弓。

📢)) 第十一節　店員接打電話的技巧

互通電話是一種相互之間只聞其聲、不見其人的溝通交往方式，所以，注重「電話形象」，不僅可以給通話對象留下良好、深刻印象，更可以表現自己的風度。

例如，客戶向某商場諮詢產品的情況時，我們很難從一個電話「囉嗦、表達模糊、滿嘴粗話」的聽覺形象中去相信他商場所售產品是優質產品。相反，如果我們聽到的是一個「說話嚴謹、

聲音悅耳、談吐不俗、充滿熱情和禮貌」的聽覺形象，我們會有感覺「商場產品的優質性」。

日本松下電器公司非常注重訓練學員的打電話、訓練規定：打電話時必須正襟危坐，聚精會神，不吃東西，不許吸煙，聲音清晰，態度和藹，內容簡明扼要等要求。

打電話的方法，其中包含很多電話的禮貌，說明如下：

1.打電話以前，要先把想說的話準備好

當對方來接電話後，有些人才猛然想到：「啊！我該說些什麼呢？」「糟糕，我忘了要跟他說些什麼了！」如此一來就麻煩了，因為有些人接通電話之後，把最重要的部份給忽略掉了，有些人則是講了三件，卻落掉了兩件……，這些情形到後來都必定要再重打一次，不僅失禮，而且也很花費時間。所以在撥電話之前，你最好先把想說的話準備好，以免到時說不清楚，徒然浪費時間與金錢。把「要說的話」事先準備好，是有績效的工作方法。

2.要確定接聽電話者是否就是要找的人

有些人往往電話一接通後，就滔滔不絕的講個沒完，到了後來覺得不對勁時，方才問了一聲：「請問你是劉先生嗎？」「不是。」這不是很尷尬嗎？如果是無關緊要的事情，倒還無所謂，但若是兩人之間的秘密讓第三者聽到可就糟了！

因此，電話接通後，一定要先確認對方的身份，然後直到我們所要找的人來接聽，才可以開始說話。

在確認了對方的身份之後，最好講一些簡短的應對話和對方寒暄，如果開口就談正事，將會給人一種不近人情的感覺。

3.電話接通後，要先報上自己的姓名

電話一接通後，一定要先報上自己的姓名或公司的名稱，例如：「××商店」、「我是×××」，如果是內線電話，則應報上自己的單位和職稱，如：「業務部第一科×××」、「採購組×××」……，不可以抓起電話就問：「喂，喂，你是誰啊？」因為這

不僅浪費時間，而且是很不禮貌的行爲。

4.把對方的話條列記在紙上

在電話機旁邊，最好擺上一些紙和筆，這樣可能一邊聽對方講話，一邊隨手將要點記下來。有些人認爲：「講電話時，對方的話我聽得清清楚楚的，何必記在紙上呢？」話是不錯，當時一定會記得很清楚。但是過了一段時間之後，因爲其他瑣事的羈絆，難免會忘掉一些。

打電話時，要養成一種習慣，那就是一邊接電話，一邊用手將對方所說的重點記下來。

5.重點應重覆說一遍

當顧客打電話訂貨時，他一定會說：「襯衫三十件、領帶六十條，請你務必在明天傍晚以前送到。」這時店員就應該將這些話再重覆一遍。爲什麼要這麼麻煩呢？這是因爲如果店員聽錯了，在覆述時，顧客可以馬上予以糾正。

6.在打電話時，如果要和第三者說話，應用手將話筒擋住

打商業電話時，當顧客把所想要的商品種類、價格、交貨日期說給店員聽時，有些店員恐怕自己不能決定，所以便得和上司商量。此時，店員一定要用手將話筒擋住，以免讓對方聽見這邊交談、商量的內容。有些公司採用音樂來隔絕外界的聲音，這也是一種很好的方法。

7.笑的時候，或與旁人說話時，都不應該接電話

有些人一邊和別人說話，或一邊咯咯的笑時，就把電話拿起來了，這實在是一件非常失禮的事，必定會使對方感覺到很不愉快。

所以當我們把電話接起來時，應該停止和別人的說話聲，或是笑聲，這樣才能專心一意的接聽電話。

8.當顧客要找的店員不在時，應請對方將電話號碼留下來

當顧客打電話來，如果他要找的人不在時，其他的店員就應

該代接說:「真對不起,現在經辦人員剛好不在,我是×××,如果方便的話,是否可以讓我替你轉達呢?」或是說:「對不起,他不在,你將電話號碼留下來,等經辦人員回來後,我再請他打電話給你,好嗎?」如此,等到顧客所要找的人回來後,馬上通知他打電話過去,那麼顧客一定會對這種服務態度感到非常滿意。

9. 對方聲音很小時的處理方式

當對方的聲音太小時,你可以直接對他說:「對不起,請你大聲一點,我聽不清楚你說的話。」顧客聽了你的話之後,一定會將聲音放大的。

除了直接請顧客大聲點之外,還有另一種間接的方式:

通常我們聽電話時,如果對方聲音太小,我們自然會將聲音放大,如此對方聽到的聲音很大,他就會把自己的聲音降下來;相反的,如果對方說話的聲音很大,我們就會把音量降低。因此店員可以利用這個微妙的道理,當顧客聲音太小時,你也把聲音放小,如此顧客聽不見你說的話,他的聲音就會大些了。

10. 讓顧客等候時的處理方式

打電話時,如果正好有事要讓對方等候時,必須向對方說:「對不起,請你稍微等一下。」倘使可能的話,最好說出讓他等候的理由,如此會顯得更親切,例如:「我去查一下登記簿,看看有沒有你要的東西,請你稍微等一下。」然後當你再去接電話時,千萬不要忘了向顧客說:「真是抱歉,讓你久等了。」

如果讓顧客等候的時間太長,應該在中途告訴他經辦的情形,要求他再等一下。此外也可以先請他掛斷電話,待你忙完後,再撥個電話過去。

11. 電話掛斷以前,要先聽聽有沒有聲音

在電話的禮儀中,打電話時,必須要讓撥電話的那一方先掛斷,另一方才可放下電話。尤其是零售商店,老闆們都規定:「不管是那裏打來的電話,我們店員都應該等到顧客將電話掛斷以

後，才可以掛斷電話」。

為什麼會有這種規矩呢？因為假如店員先切斷電話，也許顧客臨時想到什麼事，但當他要開口時，電話早已斷了，如此顧客心中一定會很不高興的。所以店員絕對不要忘記，一定要先讓顧客切斷電話！

12.撥錯電話號碼時，應誠懇地向對方表示歉意

假如撥錯電話號碼，不應該氣衝衝的把電話掛斷，而應該向對方說：「對不起，我打錯了。」

如果連打幾次都打錯了的話，一定是你記錯電話號碼，這時，就應該翻翻電話號碼簿，或是向第三者詢問。

利用舊名片，或是舊的電話號碼簿來撥電話時，可能會因對方搬家或電話更改而使電話撥錯或不通，這些都是要特別注意的。

同樣的，如果有人將電話錯打到你的店裏時，你也不應該口出惡言，而應該親切的說：「這裏是××商店，您大概是打錯了吧！」如此不僅可替自己的商店做有效免費的宣傳，而且還會讓打錯電話的人對你有深刻的印象，那麼當他以後需要什麼商品時，就會來你的店裏了。

13.打私人電話時，語句應簡短

有些公司怕客戶打電話來時因佔線而接不通，便禁止員工在上班時間內打私人電話。而有些公司沒有硬性規定不可以打電話，員工隨時都可以接聽、撥打電話。

即使可以打電話，店員也應該有個節制，應長話短說，尤其是當旁邊有顧客時，更要帶著親切的笑容，用簡短的語句將意思表達出來，例如：「好，七點鐘在台北西站，到時我一定來。」這種話即使讓顧客聽見，他也不會覺得不耐煩。

相反的，如果電話中是談公事時，你在電話裏卻大聲笑鬧，而且用很不客氣的口吻說話，大家便會誤認為你是在打私人電話。

店員在打私人電話時，可能會擔誤了重要的公務電話，所以

一定要以簡短爲宜。尤其是女性打電話時，時間總是拖得很長，所以應該特別注意。

14.打電話的音量適中，態度懇誠。

音調的高低，會給予別人不同的感受，聲音雖然是天生的，但卻不是無法改變的。所以只要自己下工夫，多聽收音機中播報員的聲音，自己再施以有恒的練習，就必定能使聲音變得更好聽。

圖 8-11-1　接電話的基本要點

第 *9* 章

客戶異議的處理技巧

🔊 第一節　處理顧客異議的原則

　　處理顧客異議有個最佳時機，如果店員能夠準確無誤地把握這個時機，那麼恭喜你，這個異議你已經處理好了一半，當然前提是你是按照處理顧客異議的原則進行的。而一旦錯過好的時機，店員不免要陷入被動局面，被顧客牽著鼻子走，能否成交也是命懸一線了。

　　在何時處理顧客的異議，店員都要記得下列原則：

1.事前做好準備

　　「不打無準備之仗」是店員處理顧客異議時應遵循的一個基本原則。在看到顧客時，店員就應當在心中想好顧客可能會產生的不滿、提出的異議，並且做好應對的種種準備，一旦發現顧客有提出的迹象，最好提前說出來，先發制人，讓顧客放心購買。面對顧客的異議，事前有準備就可以胸中有數，從容應付；事前無準備就可能張惶失措，或是不能給顧客一個圓滿的答覆，說服顧客，從而導致顧客的流失。

2. 認真分析異議

異議的種類和來源多種多樣，代表著顧客不同的心理狀態，通過分析、理解、判斷顧客異議的內容和性質，才能有的放矢地處理異議。

按其性質不同，顧客異議可分爲有關異議和無關異議。有關異議是顧客對店員和商品的真實、負面的看法，是推銷成功的巨大障礙，必須認真對待，有效處理；無關異議與推銷成功無關，是顧客爲拒絕購買而編造的各種藉口和理由，不是顧客的真實想法，即使處理也不會成交，這種異議店員完全可以不予理會。

3. 避免與顧客爭論

爭辯是推銷的大忌。店員和顧客作爲利益不同的主體，在洽談過程中必然會出現各種矛盾，在異議處理過程中這種傾向尤易發生。在回答顧客問題或異議的時候，有時你會發現不知不覺中你已與顧客爭論起來，氣氛相當激烈。這時你要切記，不管顧客如何反駁你，與你針鋒相對，你都要心平氣和，避免與其爭辯，不給他心理受挫的失敗感和抵觸感。爭辯中的勝利者永遠是生意場上的失敗者。

4. 要給顧客留「面子」

店員要尊重顧客的意見，顧客的意見無論是對是錯、是深刻還是幼稚，店員都不能表現出輕視的樣子，如不耐煩、輕蔑、走神、東張西望、繃著臉、耷拉著頭等。店員要始終雙眼正視顧客，面部略帶微笑，表現出全神貫注的樣子。並且，店員不能語氣生硬地對顧客說「你錯了」、「連這你也不懂」、「讓我給你解釋一下……」、「你沒搞懂我說的意思，我是說……」這些說法明顯地擡高了自己，貶低了顧客，會挫傷顧客的自尊心，傷害了顧客自然就沒得生意做了。

如果店員能夠在恰當的時間處理顧客的異議，那麼不僅可以節省雙方的時間，而且還會使顧客感到店員非常瞭解他的想法，

說了他想要說的，非常有利於銷售。

🔊)) 第二節　判斷客戶異議的真實意圖

有經驗的店員知道，當顧客對某種商品表示異議時，正好表明他對商品感興趣。所以，顧客的異議具有兩面性，既是成交的障礙，也是成交的信號。在得到令人滿意的回答之後，他會很願意購買你的商品。

顧客表面所說的話並不總是可靠的，聰明的店員善於把握顧客異議的真實意圖，從而採取一定的方法達成交易。

那麼，如何判斷顧客的真實意圖呢？

1.觀察説出不滿時的神態

神態、表情是語言的輔助工具，有時語言表達的並不是人的真正意圖，而從他的表情、神態上可以看到一個人的內心世界。譬如，有的顧客不太瞭解你所推銷的商品，但又不願花時間聽你講解，也不想直接就否定了你的好意，那麼他可能說已購買了或今天很忙，有空再給你電話之類的話作爲搪塞。這表明他不想告訴你真正的想法，而你可以從他的表情上看出他有點心不在焉，對你的話不是很專注。對於這樣的情況，多費口舌對你對他都是浪費，莫如做個朋友，也許以後他會成爲你的顧客。

2.仔細傾聽

在顧客表現出異議時，有時出於各種各樣的原因，不直接說出真正不想購買的原因，而是刻意隱瞞真相，而有的顧客卻非常認真，具體講述自己的不滿，提出一大堆問題等店員給予確切的回答。這樣的顧客才是真心購買的顧客，只要你能解決他的疑問，他就會買走商品。

3.察看顧客的反應

在你解答顧客的疑問之後，若顧客還是左右搖擺，遲遲不能作出購買的決定，有兩個可能性，一是他根本就沒有購買的意願，二是解說時感染力不強，雙方沒有交集點，答案不清晰。如果是前者那就索性放棄說服，如果是後者，店員還要仔細思考顧客到底對什麼感興趣，還有那些問題不明白，有針對性地向顧客介紹。

第三節　破解異議顧客的表面藉口

顧客提出異議很多是針對產品和服務的，但是還有很大一部份是關於自身的原因的，如「我想過幾天再買」、「我還做不了主」等，主要是關於需求、購買能力、購買時間、購買決策權等方面的，可以稱之為「自我批評式」的異議。要和顧客達成交易，店員也還必須會破除這類異議。

自我批評式的異議雖然是和顧客相關的因素，但是也是實現銷售的攔路虎，店員也必須區別應對，消除顧客的這些異議才能讓顧客採取購買行動。

一、需求方面的異議

它是指顧客認為商品不符合自己的需要而提出的反對意見。當顧客對你說：「我已經有這種商品了」、「這東西對我沒用」時，就徹底否定了你的商品目前對他的價值所在，也就更談不上價格、質量了。

而對於顧客的需求異議，存在兩種可能。

1.顧客確實不需要或已經有了同類產品

在這種情況下，店員應立刻停止推銷，把重點放在給顧客留下一個好印象上，為下一次的「繼續訪問」做好鋪墊。

比如你可以說：「歡迎你以後有需要的時候光臨。」

2.顧客的一種托辭

面對這種可能，店員應當通過自己的觀察和分析，判斷顧客拒絕的原因，爾後運用有效的異議化解技巧來排除障礙，從而進一步開展推銷活動。

具體來說要注意，一是不要說「不」。用這種方法處理顧客的異議，能夠維護顧客的自尊。與面談中的答辯一樣，店員可用「是的，但事實上……」即先肯定，然後再用有關事實和理由婉轉地否認異議。

一位店員在向一位中年婦女推薦一件時裝。

顧客說:「這件衣服太時髦了，我這年紀怎麼穿得出，不要！」

售貨員答:「這件衣服顏色鮮豔，款式新穎，年輕人買的很多；不過，人到中年更需要打扮，人靠衣裝嘛，這件衣服您穿上絕對合適，有不少您這個年紀的人買過，穿上起碼年輕 10 歲。」

二是多用商量的口氣。商量的語氣可以緩解緊張的氣氛，消除顧客怕被店員纏上強行推銷的疑慮，給顧客以選擇的空間。在這樣的情境下，你盡可以用各種方法來嘗試打動顧客，一旦成功就不愁商品賣不出去了。

二、購買時間方面的異議

指顧客認為現在不是最佳的購買時間或對店員提出的交貨時間表示反對意見。如，「我們還要再好好研究一下，等過兩天再說吧」、「我現在還不需要，等以後再說吧」等。在這種情況下，店員應抓住機會，認真分析時間異議背後真正的原因，並進行說服

或主動確定顧客能夠購買的具體時間。

購買時間的異議其實真正的理由往往不是購買時間，而是價格、質量、付款能力等方面存在問題。不同階段提出的購買時間異議，反映了顧客不同的異議原因。在一開始時提出應視爲是一種搪塞的表現，是顧客拒絕接近的一種手段。在推銷活動進行中提出，大多表明顧客的其他異議已經很少或不存在了，只是在購買的時間上仍在猶豫，屬於有效異議。成交的可能性很大，在推銷活動即將結束時提出，說明顧客只有一點點顧慮，稍加鼓勵即可成交。

對於這種異議可以採用以下幾種方法來處理。

1. 提示法

通常的做法是重新指出產品的全部優點，因爲你的顧客需要再次確認購買的理由才能下定購買的決心。這時無需像陳述利益時那樣一一述說，只需對你與顧客達成一致的地方再次確認即可。

2. 良機激勵法

這種方法是利用有利的機會來激勵顧客，如促銷、降價等，使其不再猶豫不決，拋棄「等一等」、「看一看」的觀望念頭，當機立斷，拍板成交。例如「目前我們正在搞店慶活動，在此期間購買可以享受 15%的優惠價格」，「我們存貨已經不多了，而如果您再猶豫的話，就可能被別人買去了」。這種方法具有一定的局限性，必須確有其事，千萬不可欺騙顧客。

3. 意外受損法

這種方法與「良機刺激法」正好相反，是利用顧客意想不到，但又必將會發生的變動因素（如物價上漲、政策變化、市場競爭等情況），要求顧客儘早作出購買決定。

三、支付能力方面的異議

支付能力異議是指顧客以支付能力不足或沒有支付能力爲由而提出一種購買異議。這一異議往往以「產品確實不錯，可惜無錢購買」、「如能在價格上通融一下，我還是很想買的」等方式出現。但有的時候，它並不直接地表現出來，而間接地表現爲質量方面的異議或進貨管道方面的異議等，店員應善於識別。

在顧客提出支付能力的異議時，有以下三種可能的情形：

1. 顧客確實沒有足夠的資金付款

由於經濟限制，對於顧客來說這種商品的價格確實太高了，以至於讓他承擔不起，只能坦言無力支付購買。

2. 顧客暫時無現金支付貨款

這類顧客經濟狀況一直很好，有相當的實力，只是因當時身上未帶足夠的現金或另有它用而無法立刻決定購買，只要店員再努力一下，這筆交易做成的可能性很大。

3. 藉口

顧客本身並不存在支付困難的問題，提出異議只是一種藉口。有時顧客常以無錢爲藉口，向店員施加壓力，希望在價格支付方式或其他方面得到優惠。這類顧客的支付能力異議是虛假異議，店員要善於分析，加以區別、判斷，採取妥善的辦法處理。當然，也有可能是顧客根本就沒打算購買，只是以此來擺脫店員的糾纏。

當顧客提出支付能力異議時，店員不能直接從字面上理解爲顧客真的沒有購買的能力，而應該對顧客提出的財力異議進行認真分析，判斷顧客提出異議的真實原因是什麼。如果通過仔細分辨，判定顧客確實無力支付貨款，最好的方法是以禮相待，對顧客表示理解，告辭時要表示出禮貌的態度，儘量給顧客留下深刻

的印象，建立友好的人際關係，為今後的再交易創造條件。如果顧客是暫時沒有現款，最好能和顧客約定下次購買的具體時間。如果判定顧客提出異議實為討價還價，則可以採用處理價格異議的方法加以處理。需要注意的是，店員不要輕易降價，要避免一聽對方資金不足就立即降價，顧客之所以稱無錢購買，原因是多種多樣的。如果推銷人員聽到顧客財力不足就立刻降價，在價格上做出讓步，顧客可能會對商品表示懷疑，甚至會激起顧客把價格壓得更低的慾望，對成交造成困難。

4.權力異議

權力異議是指顧客以自己無權決定購買產品而提出的一種異議。如顧客說「這個事情我作不了主，實在很抱歉」等。

權力異議亦有真實與虛假之分，店員要區分清楚。當顧客以自己無權決定購買拒絕時，店員不要簡單地以為他真的沒有購買決策權，而要通過自己的眼睛去判斷對方是不是真的沒有權力決定。要做到準確判斷，店員必須注意聽顧客之言、觀顧客之行，自始至終都要全神貫注，稍不留神就可能錯失重要資訊。在店員探詢顧客有無購買決策權時，顧客很可能不願說實話，真正有決策權的人往往深藏不露，心平氣靜，而那些虛張聲勢、吹噓誇耀的人往往是沒有決策權的。

對於雖然提出異議但實際上有決策權的顧客，店員要細心觀察、誠心傾聽，因為顧客遲遲不拍板購買肯定是另有緣由，店員必須找出問題的所在，進一步刺激顧客的購買慾望，必要時可以在價格、服務等方面做出一定的讓步，或者以顧問的身份幫助顧客解決困難，達成交易。對於沒有決策權的顧客，店員也要擺正心態，以禮相待。儘管這些顧客並沒有真正的決策權，但千萬不要藐視他們或意圖擺脫他們。一方面這些顧客很可能是你的準顧客，即使是這次不買，以後也可能會再來購買。另一方面，如果能讓顧客對你的產品產生興趣，相信他會為你做免費的廣告，對

你的銷售工作也是有幫助的。店員要把眼光放長遠一點，認真對待每一位顧客，千萬不能太過勢利，否則最終受害的只會是自己。

四、價格太高的異議

　　價格異議是指顧客認為商品的價格與自己估計的價格不一致而提出的異議。在銷售過程中經常會聽到這樣一些議論，「這個商品的價格太高了」，「這個價格我們接受不了」，「別人的比你便宜」等。這是顧客受自身購買習慣、購買經驗、認識水準以及外界因素影響而產生的價格方面的異議。

　　商品的價格是顧客最關心的問題之一，也是店員在銷售過程中遇到最多、最常見的一種顧客異議。據美國的一項調查顯示，75%的店員在推銷時會遇到價格方面的問題。一般來說，顧客在接觸商品後都會詢問其價格，因為價格與顧客的切身利益密切相關，所以顧客對產品的價格最為敏感，一般首先會提出價格異議。即使店員的報價比較合理，顧客仍會抱怨，「你這價格太高了」。在顧客看來，討價還價是天經地義的事，他們希望通過對價格提出異議從而獲得更多的利益（低價購買）或心理滿足。

　　價格異議一般有兩種表現形式，一是顧客認為商品價格過高，這是價格異議中常見的、主要的形式，常常成為顧客討價還價、爭得更多交易利益的托辭，或者是顧客拒絕購買的一種藉口。對此，店員要進行適當的解釋與說服，讓顧客感到物有所值，並在必要的時候做出適當的讓步。二是顧客認為商品價格過低，懷疑其存在質量方面或者其他方面的問題，或認為其缺乏購買或收藏等方面的價值。對此，店員要給顧客一個明確的解釋，以消除顧客心中的疑慮，否則極易引起誤解，形成推銷障礙。

1.先談價值，後談價格
　　價格是顧客極為敏感的話題，因此店員不要主動去提及這個

話題，而應該多在商品的介紹說明上花費工夫。店員可以從產品的使用壽命、使用成本、性能、維修和收益等方面進行對比分析，說明產品在價格與性能、價格與價值、商品價格與競爭品價格等方面中某一方面或幾方面的優勢，讓顧客充分認識到商品的價值，認識到購買能帶給他的利益和方便。等到顧客產生了濃厚的興趣和購買慾望之後，再水到渠成地回答顧客的詢價，這樣可以儘量避免價格異議。

2. 強調相對價格

價格代表產品的價值，是商品價值的外在表現。除非和商品價值相比較，否則價格高低本身沒有意義。所以，店員不要與顧客單純地討論價格問題，而應該通過介紹商品的特點、優點和帶給顧客的利益，使顧客最終認識到，你的商品實用價值是高的，相對價格是低的。

一位店員向一位女士推薦一種高級香水，她真的很喜歡，但卻說：「我沒有這麼多錢啊！」

店員說：「這可是高級香水啊！您知道使用這種香水很能表明人的身份，只有高收入、高品位的人才買。」

最終，這位女士沒有再在價格上爭執，購買了這種香水。

3. 心理策略

在向顧客介紹產品價格時，可先發制人地首先說明報價是出廠價或最優惠的價格，暗示顧客這已經是價格底限，不可能再討價還價，以抑制顧客殺價的念頭。

4. 適當讓步

在有些情況下，通過適當的讓步既能消除顧客的價格異議，又能順利達成交易，也是一種很好的選擇。但是在讓價時需要注意：

(1)不要作無意義的讓步，讓步要體現出「雙贏」的原則；

(2)作出的讓步要恰到好處，用最小的讓步帶給顧客最大的心

理滿足；

(3)不作損害企業利益和形象的讓步。

五、擔心服務的異議

服務異議是指顧客對商品交易附帶承諾的售貨服務的異議，如對服務的方式方法、服務延續的時間、服務的延伸度、服務實現的保證程度等多方面的意見。

在市場競爭日趨激烈的情況下，加強服務、提高商品的附加值已經成為企業競爭的一種重要手段。顧客購買行為的發生，在很大程度上取決於商家能夠提供什麼樣的服務。優質的服務能夠增強顧客購買商品的決心，樹立企業及其產品的信譽，防止顧客產生服務異議。這類異議主要源於顧客自身的消費知識和消費習慣，處理這類異議，關鍵在於要提高服務水準。

店員首先應當重視服務異議，不要以為和產品沒有多大關係就不以為然，很多顧客會因為你的不以為然而另找賣家。當顧客提出服務異議時，店員要仔細傾聽，弄明白顧客的擔心具體是在什麼地方，是對服務方式的不滿，還是對服務期限表示擔心，然後才能有針對性地回應顧客的異議。有時顧客只是誤解了你的意思，而並不是真的有異議，這就要立即為顧客澄清事實，打消他的憂慮。因此，覆述顧客的異議很有必要。

最後要對顧客的異議表示理解和支援，技巧性地解決顧客對服務的擔憂，可以重申自己服務的特色與可靠性，如有不能令顧客滿意的地方，可以向對方解釋清楚為什麼，以求得諒解，掃除成交路上的障礙。

🔊))) 第四節 把握處理顧客異議的時機

在銷售過程中，店員應對顧客提出的異議進行分解處理。
那麼，如何把握處理顧客異議的時機呢？

1.先發制人，提前處理

防患於未然，是消除顧客異議的最好方法。有經驗的店員，
能比較準確地預測顧客會在購買活動中提出什麼問題，會有那種
異議，以便在銷售過程中主動提出來並妥善予以解決。顧客異議
的發生有一定的規律性，如店員談論產品的優點時，顧客很可能
從差的方面去琢磨問題，有時顧客沒有提出異議，但他們的表情、
動作及談話的用詞和聲調卻可能有所流露，店員覺察到這種變
化，就可以搶先解答，這是處理異議的最佳時機。因為這樣做店
員可以爭取主動，先發制人，避免先糾正顧客的看法，或反駁顧
客的不同意見，也避免了與顧客發生爭執。

另外，在進行銷售介紹時，不僅要向顧客介紹商品的特點和
優勢，也要向顧客說明該商品的不足之處和它的使用注意事項。
這樣做，通常會使顧客感覺到店員沒有隱瞞自己的觀點，能客觀
地對待自己的商品，從而贏得顧客的信任。

店員：「這些嬰兒服都是經過多次的試驗與推敲，採訪了多位
母親與保姆後而有針對性地設計的，樣式都是最適合嬰兒的。」

顧客：「看著還可以，不過……」

店員：「這些內衣全部都是採用 100%的純棉原料做成的，手
感非常柔軟，不會刺激嬰兒幼嫩的皮膚。不信，你試試看。」

年輕母親摸了摸衣服點頭稱是，並為自己的寶寶買了兩套內
衣。

這位店員就是提前作好了準備，在這位母親還沒有說出不滿之前搶先對她的疑問進行了回答，從而打消了顧客的疑慮，堅定了顧客購買的決心。

2.雷霆行動，即時處理

一般而言，除了顧客出於偏見、惡意等原因而提出的一些無端的、虛假的異議外，對其他異議店員都應及時回答。顧客都希望店員能夠尊重和聽取自己的意見，不回避問題，並做出滿意的答覆。店員若不能及時答覆顧客所提出的問題，顧客就會採取拒購行動。因此，在銷售過程中，店員應視具體情況，答覆那些需要立即答覆的顧客異議，及時排除銷售障礙，促進交易的順利達成。即刻回答顧客異議，要求店員具有豐富的知識、敏捷的思維、靈活應變的能力、善辯的口才和一定的臨場經驗。

3.含糊其詞，推遲處理

在銷售過程中，店員對於顧客的某些異議不及時回答可能會危及整筆交易，而對有些異議，店員如果不量力而行，企圖立即做出答覆，則可能會葬送整筆交易。因此，對於顧客提出的某些異議，如果店員認爲不適合馬上回答，可採用延遲回答的辦法加以解決。

若客戶的異議顯得模棱兩可、含糊其詞、讓人費解；異議顯然站不住腳、不攻自破，異議不是三言兩語可以解釋的；異議超過了店員的議論和能力水準；異議涉及到較深的專業知識，解釋不易爲顧客馬上理解，等等。急於回答顧客此類異議是不明智的。經驗表明，與其倉促答錯十題，不如從容地答對一題。

總之，在銷售過程中，店員對顧客提出的異議應具體分析，區別對待，處理好那些真實的、有價值的、對銷售工作有幫助的顧客異議。

第 *10* 章

店員的收銀與商品包裝

🔊))) 第一節 收銀作業的過程分析

　　店員在收銀作業過程中非常專業的表現，能增強顧客對商店的好感，進而會產生再度光臨的意願。

1. 收款原則

　　收銀員在接受付款時應遵循四個原則：

　　第一，唱收原則。接受顧客付款時必須大聲說「收您××元」；

　　第二，正確輸入原則。點清所收的錢款時，必須將金額正確地輸入收銀機中；

　　第三，選擇付款方式原則。應在收銀機上選擇顧客的付款方式並能正確輸入；

　　第四，辨別假幣原則。接受現金付款時，應注意對現金進行假幣的識別。

2. 現金付款步驟

　　收銀員在接受現金付款時，應把不同面值的現金放入銀箱規定的格中，不能混放或放錯位置。

現金付款的步驟：

第一步，唱接現金並清點。「收你 1000 元」

第二步，鑑別現金是否殘損鈔、偽鈔。

第三步，輸入所收金額。

第四步，選擇正確的付款鍵。

第五步，唱付找零。「找你 700 元」

第六步，關閉收銀箱。

圖 10-1-1　收銀時的確認工作

🔊))) 第二節　做好收銀工作

很多店鋪的銷售方式都是自選式售貨，顧客可以在店內隨意選購自己喜歡的商品，然後再到出口處做一次總結付賬，在這種狀態之下，收銀作業便顯得格外重要，成為店鋪管理中相當重要的一環。事實上，收銀作業不只是單純的收收錢而已。

　　現金的收受與處理，是店員相當重要的工作之一，這也使得收銀行爲與操守格外引人注意，爲了避免引起不必要的猜疑與誤會，也爲了確保現金管理的安全性，在執行收銀作業時必須遵守下列守則：

1. 收銀員身上不可帶現金

　　收銀員在執行收銀任務時，身上如有任何私有金錢，容易讓人誤認爲是店內公款，而造成不必要的困擾。如果收銀員當天帶有大額現金，並且不方便放在個人的寄物櫃時，可請經理代爲存放。

2. 收銀台上不能放私人物品

　　收銀台除茶水（茶水應放置在遠離收銀機等各種電器的地方，以防發生意外）外，不可放置任何私人物品。收銀台隨時會有顧客辦理退貨，或臨時刪除購買的物品。若有私人物品放置在收銀台，容易與顧客的退貨混淆，引起他人的誤會。

3. 收銀員不得擅自離位

　　收銀員在收銀台執行收銀任務時，不可擅自離位。收銀櫃台內可能有現金、發票、單據等重要物品甚多，如果擅自離位，將使別人有機可乘，造成店內的損失，而且當顧客需要服務時，也會因爲找不到工作人員而引起顧客的抱怨。

4. 熟悉商品價格

　　收銀員應熟悉商品價格，以便儘早發現錯誤標價尤其要注意新調價商品的價格。如果商品的標價低於正確價格時，應向顧客委婉解釋，若是顧客堅持依照標示上的價格支付，應該尊重顧客的意願，因爲這是理貨員的錯誤。

5. 工作時不可嬉笑聊天

　　收銀員在工作時不可嬉笑聊天，隨時注意收銀台前的動態，如有任何異常狀況，應通知收銀主管處理。收銀員在工作時嬉笑聊天，會讓顧客留下不好的印象，破壞企業形象，導致公司的損

失。

6.掌握盡可能多的信息

收銀員應熟悉特色服務的內容、促銷活動、當期特價商品及商品存放的位置等信息，收銀員熟悉上述各項信息，除了可以迅速回答顧客的詢問，也可主動告知，促銷店內商品，讓顧客有賓至如歸、受到重視的感覺，同時還可以增加店鋪的業績。

7.收銀時做到「三輕」

收銀員在工作時應做到「三輕」，即說話輕，走路輕，操作輕。尤其是操作輕，包括商品提、拿和放置都要輕，避免商品損壞。

表 10-2-1　收銀工作職責

分類	內　　　　　容
崗位職責	(1)嚴格執行顧客服務的原則和個人著裝標準 (2)為顧客提供快速、準確、微笑、主動、禮貌的顧客服務，回答顧客諮詢，主動同顧客打招呼，堅決杜絕一切與顧客爭執的事件發生 (3)保持誠實的品質，嚴格遵守唱收唱付的原則，快速、準確、安全地收取貨款，減少現金差異的發生 (4)負責所有商品的消磁工作，並進行防損方面的檢查 (5)保證隨時有足夠的零鈔找給顧客 (6)提高掃描的正確率和速度，以提高勞動生產率 (7)負責向顧客進行本日特價商品的推銷和快訊彩頁的發放 (8)就一些自己不能處理的問題求助於收銀主管或經理 (9)熟悉收銀機、驗鈔機、消磁機等設備的操作，能解決簡單故障，隨時整理好小票紙帶、購物袋物品的存放等 (10)將顧客不要的商品和回收的衣架等放在指定的地方，等待相關人員集中收取 (11)營業結束和開始前，負責收銀台區域的清潔衛生和收銀台前小貨架的理貨工作

分類	內　　　　容
主要工作	⑴確保收銀動作的規範化、標準化，提高收銀速度和準確性 ⑵及時上交銷售款，及時做出差異報告 ⑶保證前台區域的清潔衛生 ⑷對商業資料的保密 ⑸各種票據和文件的收集、保管和傳遞 ⑹確保金庫和現金的安全 ⑺保證充足的零用金 ⑻確保顧客所購的每一件商品均已收銀，不得遺漏 ⑼及時拾零，避免影響正常收銀，並將商品存在的問題做好記錄 ⑽識別偽鈔 ⑾嚴格遵循禮貌規範用語 ⑿規範化消磁，避免同顧客產生衝突
輔助工作	⑴協助做好顧客服務 ⑵協助盤點和前區商品的理貨、補貨 ⑶提高警惕，注意防盜 ⑷營業開始和結束時，進行收銀台前的促銷貨架的理貨工作 ⑸協助整理購物車籃 ⑹協助進行收銀區域的客流引導

第三節　收銀的交接規範

　　商店進行的是現金交易，所以一天之中的交易額少則幾十元，多則數十萬元，如何核對每日票據金額與實收金額無錯誤，是收銀台的主要業務。為了保證把失誤降低為零，商店收銀員應當嚴格按照作業規範進行操作，不能擅自省略某些程序、步驟。

一、作業規範

1. 交接班前的要求

(1)上一班填寫接管日報表、交班簿，下一班簽到、閱讀交班簿（若使用監視器，大夜班裝上錄影帶開始錄影）。

(2)清點商品並簽名。

(3)交班金、找零金備妥。

2. 交接班要求

(1)互相清點交班金及兌換找零金。

(2)按收銀機責任鍵（由接班人員按）。

(3)交班人員清點當班實收現金，填寫現金投庫記錄表，並將現金投庫。

(4)交接班人員互相溝通，瞭解門市狀況。

3. 交接班程序

(1)商店收銀機通常以 2000 元左右作爲交班金。

(2)商店兌換找零金預留不超過 5000 元，由商店長決定固定金額，並列入交班程序點交。

(3)兌換找零金存放位置應讓各班人員知道，並妥善保管。

(4)收銀機內限額規定。早班、中班通常在收銀機內保留 3000 元以下（使用 1 台或 2 台收銀機者皆同），大夜班則保留 2000 元以下現金，以防被搶。尤須注意的是收銀機及存放金錢抽屜的鑰匙平時不得插在鑰匙孔上。

(5)店長須將結賬鑰匙隨身保管，非結賬時間鑰匙不能交職員保管。

二、熟練的收銀管理

商店收銀員在使用 POS（收銀）機時應請注意以下事項：

1. 收銀機只能由收銀員使用，其他人（收銀主管除外）不得使用操作；
2. 收銀員上班前應檢查印表機的列印是否清楚，若列印不清楚應即時修理，便於數據列印和核對；
3. 收銀員應隨時檢查收銀紙帶，收銀紙帶不夠時，應即時交換，以免給數據列印帶來不便。收銀員（商店收銀主管）列印日報、旬報、月報日更應先檢查紙帶是否足夠；
4. 收銀主管應於每班營業結束後對收銀機進行清機工作，確保下班使用時收銀記錄各項均為零；
5. 不使用收銀機時，應鎖好收銀櫃和收銀機，長時間離崗時，應將收銀櫃中的現金存回保險櫃（或移交收銀主管）；
6. 當收銀機出故障時，收銀員應立即通知財務主管、商店經理，不得自行修理，同時啟用備用收銀機。

三、嚴格收銀

商店收銀員要熟記折免、接待、內部消費等條例，防止收銀錯誤，對於在折免範圍以外的堅決不能給予折免優惠。

1. 所有折免折扣均由相應折免負責人填寫折免申請書；
2. 收銀員根據《關於折免、接待、內部消費管理規定》覆核申請書的有效性；
3. 超出折免規定金額的部份，收銀員應全額收取，否則由收銀員和折免申請人共同承擔該款項；
4. 收銀員應牢記《關於折免、接待、內部消費管理規定》；

5.沒有折免申請書的人，收銀員一般不得實施折免，特別情況總經理可口頭指令折免，事後需補辦折免申請書。

四、商店主管的收銀稽核

商店主管的工作責任重大，要盡心盡責，尤其要做好收銀稽核工作。

1.平時應臨時對收銀員現金進行清點和核對，若發現錯誤即時糾正；
2.商品上報稽核應做好商品上櫃稽核；
3.營業報表稽核應核對以下內容：折免，輸入數據調整表，商店漏數報告，現金支付指令或報告，銷售日報數，盤存數，上報數；
4.稽核報告：每日營業結束後，應對當天所有班次的收銀報告進行稽核，並出具稽核報告給財務室。

第四節　商品的包裝檢查

收銀員在將商品裝袋之前，還要對顧客所購商品進行包裝檢查，把好最後一道關，保證賣給顧客的是足數優質的商品。

一、包裝檢查

商品包裝檢查的目的在於：

·能夠發現可能造成損壞商品、傷害顧客、損害本公司利益的不當包裝，並提醒或幫助顧客正確處理；

• 能夠妥善解決因商品包裝不當出現的問題和糾紛。

商品包裝的檢查包括以下幾個方面的內容：

1.檢查商品的數量是否正確

顧客送來將要結賬的商品，此時收銀員要看該商品的規格、重量是否符合標準，這一點特別重要，因爲每天進貨量很大，檢查人員爲了要趕快完成工作，時常會疏忽這一點，造成商品的價值與標示價格不符的情形。比如，顧客購買了一打的某種商品，就要檢驗顧客所拿商品是否足夠一打（十二個），如果不足應提醒顧客更換商品。

2.檢查商品和價格是否一致

能開包裝（商品包裝未封口，如牙膏）的商品或封口被開啓過的商品必須先打開包裝，並將實物與顯示幕的品名、規格進行認真核對。對於商品原包裝封口被破壞，即使已被重新封口的商品也要開包裝檢查，非原包裝封口的商品必須開包裝檢查，以免將價物不符的商品出售給顧客，或者防止某些顧客調換商品。

二、裝袋作業

一個常去超市買菜的客戶說，「這些收銀的年輕人一到忙的時候就只顧收錢了，把東西往旁邊一推，袋子一甩，不管了。」。裝袋是顧客自己的事嗎？難道收銀員就不需要掌握裝袋的技巧？

收銀員並不是收完顧客的錢，服務就結束了，爲顧客裝好商品也是櫃台人員的責任。

1.正確選擇購物袋

購物袋的尺寸有大小之分，根據商品的多少來正確選擇大小合適的購物袋。究竟用一個大的購物袋還是用兩個小的購物袋，由商品的類別和承重來決定。

2.將商品分類裝袋

商品分類是非常重要的。不同性質的商品必須分開入袋，例如生鮮與乾貨類，食品與衛生用品，以及生食與熟食。正確的分類裝袋，不僅提高服務水準，提升產品的價值感，增加顧客滿意度，也表現了對顧客的尊重和體貼。

裝袋後要達到易提、穩定、承重合適。掌握正確的裝袋技巧，做到又快又好，既避免重覆裝袋，又達到充分使用購物袋的目的。

三、商品裝入袋中的細節工作

店員要為顧客的商品裝袋，這時應根據顧客的購買量來選擇袋子的大小，不同性質的商品分開入袋，並掌握正確的裝袋順序：重、大、底部平穩的東西先放於袋底，具體要注意以下技巧：

1. 商品分類後，確定購物袋的數量和尺寸以及混裝方法。
2. 考慮商品的易碎程度，易碎商品（速食麵、膨化食品、薯片）能分開裝最好，不能分開的則放在購物袋的最上方。
3. 考慮商品的強度，將飲料類、罐裝類、酒類商品放在購物袋的底部，起到支撐的作用。
4. 考慮商品的輕重，重的商品放底部，輕的商品放上面。
5. 考慮商品的總重量不能超出購物袋的極限，商品的總體積不能超出購物袋，如果讓客人感覺不方便提取或有可能超重，最好分開裝或多套一個購物袋。
6. 質地比較硬的和重的商品應該墊底；
7. 正方形或長方形的商品應放入袋子的兩側，起支撐作用；
8. 瓶裝及罐裝的商品放在中間；
9. 容易碰損、破碎、較輕、較小的商品應置於上方；
10. 容易溢出或味道較強烈的商品，應先用其他購物袋裝好，再放入大的購物袋內；

11.玻璃器皿、碗碟要用紙包裝後再裝袋，刀具等銳器要用保
　護套包裝後再裝袋；

12.對體積過大包裝袋裝不下的商品，要用繩子捆好，方便顧
　客提拿；

13.要知道每個便攜袋的最大承載量，商品不能高過袋口，以
　便顧客能輕鬆攜帶；

14.商場在促銷活動中所發的廣告頁或贈品要確認已放入包
　裝袋中；

15.禮貌地拒絕不購物而索要購物袋的顧客；

16.入袋前應將不同客人的商品分清楚，避免將不是一個顧客
　的商品放入同一個袋中的現象；

17.易碎商品、冷凍食品要提醒顧客輕拿慢放；

18.在顧客離開時，提醒顧客帶走包裝好的購物袋，以免遺忘
　在收銀台；

19.裝完袋以後，要用禮貌用語對顧客說：「歡迎您再來」。

🔊 第五節　進行商品包裝工作

　　顧客選購完商品到收銀台付款時，店員要收款，並最後對商
品加以包裝。

　　商品包裝要注意下列事項：

一、準備包裝材料

1.包裝紙
・各種彩色，花紋的包裝紙。

・各種規格的包裝紙（一般分爲大、中、小碼）。

2. **包裝袋**

・透明的可以看到商品，適用於精美禮品的包裝。

・大、中、小各種規格。

・各種顏色和花樣

3. **包裝盒**

・適用於各種商品和包裝盒

・各種規格和型號。

・各種材料、包裝盒、塑膠包裝盒等。

4. **包裝繩**

・粗細大小不一樣，適用於各種商品。

・質材也不一樣，如尼龍繩、麻繩等。

・最好有顏色。

5. **透明膠紙**

・無色透明膠紙。

・黃色透明膠紙。

・雙面膠。

6. **橡皮筋**

・各種大小。

・用於固定或集中零散及鬆散商品。

7. **其他，例如**

・剪刀、膠水、釘書機、小刀等也是必不可少的用具。

・商品的包裝材料有很多，店員應根據實際情況選用。

・材料的應用要與商品相適應。

二、根據商品而選用包裝材料

根據商品大小、商品類別，選用適當的包裝材料。

1. **酒類**
- 以厚紙箱或泡體箱來包裝。
- 避免碰撞，小心輕放。

2. **糖類**
- 輕便易提的塑膠袋為宜。

3. **飲料**
- 小心輕放，尤其以玻璃瓶為主。
- 不需要特別包裝，袋裝時向上放好即可。

4. **餅乾**
- 散裝餅乾最好分類裝好，以免影響口味。
- 袋裝餅乾檢查包裝是否有破損，最好加一個購物袋，方便顧客攜帶。

5. **熟食**
- 以飯盒為主，儘量裝少一點湯汁，以防溢出。
- 一定要與生食分開。
- 置放於袋子中間，繫緊，確定結實再交給顧客。

6. **家用電器類**
- 以商品的原包裝為主。
- 在原包裝上繫上強力膠布或是繩子，以確定不會散開。

7. **服裝類**
- 用服裝的品牌袋子為主。
- 寬大、易提，能放入衣架為好。

8. **化妝品類**
- 以精美、小巧的廣告袋為宜。
- 應以商品的大小來選擇。
- 如作為禮品，則應選擇看起來高檔，名貴的包裝盒。

9. **玩具類**
- 以適用商品的大小為主。

・可愛、生動、有趣、造型特別的包裝袋。

三、進行商品包裝

・選擇好的包裝盒並經過顧客認可後，裝入商品，用透明膠封好，以確定商品不會掉出來。
・各類商品的包裝要根據商品的大小、形狀、質量來選擇包裝材料，切忌一視同仁，不加區別。
・包裝材料的選用，也會影響顧客的心理，選用某個包裝盒前應先詢問顧客意見。
・選擇包裝紙。

問清顧客此件商品是作為禮品包裝或是做一般的包裝。禮品包裝應瞭解接受禮物的對象是什麼樣的人，可以給顧客一些建議和意見，不可勉強顧客。

・包裝商品時，如包裝盒過大，應用報紙或其他不會損壞商品的填充物來填充，確保商品向上直立。
・不規則的商品，要儘量放平。
・如果要包裝數量多的零散商品，應先堆疊整齊。
・除顧客要求外，要儘量用能體現商品價值的包裝盒。
・商品包裝要求美觀大方、牢固、結實、方便攜帶。
・用雙面膠把包裝紙粘好，儘量做到完美無缺，不可將雙面膠露出包裝紙外。
・選擇包裝繩或是彩色包裝帶，先詢問客人要選用何種顏色、花樣。
・剪出客人要求的樣式，貼好，再次確定不會鬆掉，裝入適合的購物袋，以雙手交給顧客，並面帶微笑，致謝，最好能送客人離開。
・感謝客人的惠顧，歡迎下次再來光臨。

第六節　商品包裝的方法

大多數商品在其製造、包裝時都會考慮其提拿的方便性，即提供現成的包裝。即使提拿不方便的零售店也會提供方便袋以利於顧客攜帶，但對於那些不便攜帶，而又沒有合適方便袋來裝的商品就必須進行捆紮包裝。此外，許多零售企業也為顧客禮品包裝的服務，因此企業必須培訓其收銀人員包裝作業的技術。

為顧客包裝商品，是收銀員服務步驟的最後流程。包裝的好壞，直接關係到顧客對服務過程的感受。因此，收銀員在包裝商品時，必須做到以下幾點：

包裝要既快又好。一般對顧客的原則應是：在顧客決定購買之前，要慢慢地向他說明商品的特性；而當他決定購買之後，收銀員就要加快行動，包裝時儘量不要讓顧客久等。但是，又不能為求速度而草率包裝，包裝還必須安全、美觀、方便。因此，收銀員平時應多加練習，熟能生巧，為顧客提供既快又好的包裝。

先檢查後包裝。在包裝商品前，要當著顧客的面，檢查商品的質量和數量，看有無殘損和缺少，注意不要包錯。

注意保護商品。如遇到顧客買的商品比較多，需要裝箱或用大包裝時，要注意防止串味、浸油、污染等，對容易碰碎的玻璃器皿、陶瓷製品等，包裝時要注意加上保護層。

禮品包裝主要指外型的禮品，包裝的方法包括斜包裝法、合併包裝法、圓筒形包裝法以及禮品的緞/紙帶繫法。

1.**斜包裝法**

禮品與包裝紙的對角線應成直角，並且其中心應在對角線上。放禮品的位置，應動腦筋，以免紙不夠或過多。

(1)由最後要貼膠帶的位置，相反地滾向眼前，以決定禮品的擺放位置（如圖 10-6-1）。

(2)定好禮品位置後，先把前面的包裝紙折上，應拉緊（圖 10-6-2）。

(3)接著折上左端。依禮品折出角度，與(1)一樣，邊緣不要鬆弛（圖 10-6-3）。

圖 10-6-1　　　　圖 10-6-2　　　　圖 10-6-3

(4)壓緊(2)、(3)包好部份，一面把禮品拉到眼前，抓住圖 10-6-3 的部份折出角度，調整折下的部份要緊貼禮品，滾向前面翻過來（圖 10-6-4）。

(5)再以(3)之方法折右邊（圖 10-6-5）。

(6)最後將前方的紙折蓋禮品上，貼上膠帶（圖 10-6-6）。

圖 10-6-4　　　　圖 10-6-5　　　　圖 10-6-6

2.合併式包裝法

(1)將禮品倒放於包裝紙上，先折右邊，使其邊緣可折到商品中心，而且紙的邊緣與禮品的邊緣要平行（圖 10-6-7）。

(2)先折左邊，再折右邊（圖 10-6-8）。

圖 10-6-7

圖 10-6-8

(3)左右折好後,先貼上膠帶(圖 10-6-9)。

(4)紙張由左右折向內側,再將上面的突出部份向下折,下邊的往上折(圖 10-6-10)。

(5)最後,折好的部份要用膠帶粘住或紮包裝繩(圖 10-6-11)。

圖 10-6-9　　　　　圖 10-6-10　　　　　圖 10-6-11

3.圓筒形包裝法

碗或罐頭等商品,可應用該方法。

(1)禮品的擺放位置同斜式包裝法一樣,先折眼前的紙端(圖 10-6-12)。

(2)接著由左邊按序細細地折入圓筒內蓋住禮品(圖 10-6-13)。

圖 10-6-12　　　　　　　　圖 10-6-13

(3)滾動禮品,折入包裝紙,滾到禮品的中心軸到紙張右端(圖 10-6-14)。

(4)接著如同左端一樣，將右端的紙張細細地折入（圖
10-6-15）。

(5)再滾動禮品，最後以膠帶貼上紙（10-6-16）。

圖 10-6-14　　　　圖 10-6-15　　　　圖 10-6-16

折入的花紋越細越美觀。注意，別露出商品。

其他的包裝，大致上都可應用上述方法。

4. 緞/紙帶繫法（圖 10-6-17）

(1)將緞帶在禮品上結成十字型，而在交點上打結，然後將兩
端各自對折，用剪刀剪一個缺口。把交點往右上角挪一挪，則此
禮品看起來會更漂亮。

圖 10-6-17

⑵也可以在緞帶上再加一朵花。做花時，先將緞帶在手上繞圈圈，然後在適當之處剪斷（繞的次數越多，做出來的花越漂亮）。

⑶把捲好的緞帶分別自兩邊斜剪一刀，但中央部份勿剪斷。

⑷把剪好的緞帶，放在繩子的交點上，然後把緞帶的切口插在繩子上。

⑸用⑴十字結的兩端將緞帶繫緊。

⑹把固定好的緞帶一圈一圈的扳開來，就成了花瓣。花做好了以後，把十字結的兩端對折，用剪刀剪一個缺口，如此一朵美麗的花就完成了。

5.商品捆紮的方法

⑴各種捆紮的方法

①Ｎ字紮法。參見（圖 10-6-18）。此法為一般性紮法，有穩定感。

②平行紮法。參見（圖 10-6-19）。此法適合於硬商品，美而快，亦省材料。

③十字紮法。參見（圖 10-6-20）。此法談不上美觀，但很牢固。

圖 10-6-18　　圖 10-6-19　　圖 10-6-20

④手提式紮法。參見（圖 10-6-21）。此法適合於西式服裝等。

⑤廿形紮法。參見（圖 10-6-22）。此法適合於重的，尤其是帶到遠處的商品。

⑥格子紮法。參見（圖 10-6-23）。此法適合於重的，尤其是要運到遠處的商品。

圖 10-6-21　　　　　　圖 10-6-22　　　　　　圖 10-6-23

⑵提圈的捆紮方法

①圖 10-6-24 是十字紮法後，打死結。

②提圈大小爲伸入三個指頭的程度。假定要做直徑爲 5 釐米的提圈，那就做個 10 釐米左右單條的提圈。(圖 10-6-25)

圖 10-6-24　　　　　　圖 10-6-25

③接著將圈端繞過紮帶之死結下，大約拉到圈子的一半，把拉出的圈帶子張開，套到另一卷子上。(圖 10-6-26)

④之後再拉圈套頂端，就能做成長 5 釐米的雙股提圈。(圖 10-6-27、圖 10-6-28)

圖 10-6-26　　　　圖 10-6-27　　　　圖 10-6-28

第 *11* 章

處理顧客的抱怨

🔊))) 第一節　處理售貨衝突的原則

店員在和顧客打交道的過程中，有時會有衝突發生，找出產生衝突的原因，正確分析和解決這些衝突，對營業工作必有裨益。

店員在櫃台服務中，每天要接待各種各樣的顧客，往往會產生一些衝突，在處理這些衝突時必須遵循下列原則：

1. 誠懇原則

當衝突發生以後，店員必須認識到自身在銷售中的作用，不和顧客發生爭執，對屬於顧客的問題，不過多計較，誠懇地解釋，售貨中發生的衝突必然會大爲減少。

⑴自我克制，在任何情況下都能穩住自己的情緒

顧客的不滿，常常不是針對店員個人，但店員卻是承受者。在這種情況下，最有效的防範措施就是店員能克制自己的情緒，那怕與事實有較大出入，即使道理在自己一方，也不要得理不讓人，不必去計較對方的態度和言辭，要保持鎮定，才能把主動權掌握在自己的手中。

⑵抓住時機，從正面積極引導

這是遵循主動原則的核心內容，即店員要及時使用最佳時機，主動地轉移有對立情緒的顧客的思路，才能創造條件將衝突朝緩解的有利方向轉化。

2.妥協原則

妥協原則即店員盡可能把顧客的意見包涵下來。銷售過程中，店員和顧客產生衝突的原因多種多樣，解決好這些衝突的方法也多種多樣。在解決衝突的過程中，要講究靈活性，儘量多做讓步，滿足顧客要求，針對不同顧客和問題，採取不同方法，爭取儘快解決。具體地講，遵循妥協原則就是要做到：

⑴不抱怨對方所表現的不信任感

由於店員主要關心的是銷售額，希望儘快把商品銷售出去。因此，顧客往往會懷疑店員的推銷。在這種情況下，店員要承認和理解顧客的異議，增強顧客的信任感，不要把顧客的不同意見，看成是不信任自己。

⑵不迫使顧客就範

對待出言不遜的顧客，店員的措辭應婉轉而嚴肅。

⑶不計較顧客提出的苛求

店員對顧客提出的種種要求，那怕是苛求，都應充分理解，只要是在力所能及的情況下就盡力滿足他們的願望，以消除顧客的顧慮。

3.善意原則

善意原則，即店員在銷售過程中要多考慮顧客的利益，以體貼、尊重顧客的氣度和言行，來防止矛盾的惡化，善意地爲顧客著想，不與顧客頂嘴、意氣用事。店員遵循善意的原則必須做到：

⑴善於用顧客的眼光來看待事物和自己

店員要站在顧客的立場上，爲顧客著想，並善意地分析對方的言行實質和環境，才能理解顧客的委屈和苦衷。尤其對於顧客

的某些不客觀的態度或不道德的行爲，更要作出善意的解釋，淡化顧客的不滿心理，使顧客能在友好合作的氣氛下，與店員一起進入正常的解決過程。

(2)善於為顧客提供優質服務

店員要有效地與顧客接觸，積極爲顧客提供方便，提醒顧客有關商品事項，以友好和睦的善意表現，來促使衝突的轉化。

4.分隔原則

分隔原則，即店員在處理售貨衝突時，理智地容忍顧客的偏激情緒，而及時脫離衝突現場的行爲準則。這種原則一般在售貨衝突難以解決的情況下運用，首先指店員靈活地回避顧客的怒火和鋒芒，主動離開衝突現場，其次是指店員積極插手同事與顧客發生的衝突，幫助陷入困境的同事脫離現場。

(1)要有容忍的氣度

售貨衝突是由衝突雙方對立造成的，如果衝突的一方從對立中消失，另一方就會因失去對立面而在心理上獲得一種平衡。從而導致衝突向緩解方面轉化。所以，表面上看起來店員是忍氣吞聲、消極退讓，實質上體現了店員顧全大局的坦蕩胸懷和職業修養。

(2)要有整體觀念

店員要有強烈的整體意識，爲商店的信譽著想，及時出面調解，讓陷入衝突漩渦的同事及早退出難堪的境地。這樣做能使原本激化的售貨衝突在外界的條件變化中得到緩解，從而儘早平息糾紛，以免長時間影響工作。

5.補救原則

「馬有失蹄，人有失言」。誰也無法保證自己從來不說錯話，店員也是如此，如果能及時地添上幾句話，和前面的失言連起來，形成一種新的解釋，就會達到更好的效果。

🔊 第二節　顧客抱怨的原因

　　智者千慮必有一失。對於顧客的抱怨，店員首先應當認識到這是不可避免的，重要的是盡可能地去減少顧客的抱怨和合理地處理顧客的抱怨，最終讓顧客滿意。如果能巧妙地化解顧客的抱怨，這些顧客很可能因此而成爲商店的忠誠顧客，如果處理得不好，則也有可能會失去一個甚至是一批顧客。因此，關鍵在於見招拆招，化解顧客的抱怨。

　　對於告訴我們不滿或向我們抱怨的顧客，我們必須感激他們，因爲若不是這些顧客講出來的話，恐怕很難發現一些店裏現存的缺點及有待改善、落人之後的地方。試想，如果顧客一句話也不說就改到別家去買東西的話，其結果又會如何呢？又假如顧客去向別人或附近的人大肆宣傳的話，其結果又將變成怎麼樣呢？相信答案是很明顯的。

　　因此，店員不要怕顧客的抱怨，而應該多學習如何化解顧客的抱怨。找到原因才能解決問題，店員首先應該瞭解顧客爲什麼會產生抱怨。

　　顧客抱怨產生的原因主要有以下三個方面。

1.商品方面的原因

⑴品質問題

　　商品在進貨時沒有嚴格把關，致使一些質量低劣的商品流進商場。當顧客買回去之後，使用商品時會出現問題，如旅遊鞋穿上不到半個月便開膠、開線或斷裂，打開瓷器包裝後發現有裂紋，罐裝食物過期、變質、有異味等，遇到這種情形，不可避免地會遭到顧客的抱怨，對於這些商品，商場應立即調整商品結構，將

它剔除出商場，重新選擇優質同類商品，以免影響商場形象。

⑵價格過高

商場銷售的商品大部份爲非獨家銷售的消費品，顧客對這些商品價格的敏感性都相當高。因此，在價格方面，絕大部份是顧客抱怨該超市某項商品的定價較商圈內其他競爭店的定價高，而要求改善。

⑶標識不符

商品標識不符主要表現爲：說明書的內容與商品上的標識不一致；進口商品沒有中文標識；標識沒有生產廠家和生產日期；保質期模糊不清，已過保質期；生產廠地不一致；出廠日期超前；價格標簽模糊不清等。

⑷商品缺貨

有些熱銷商品或特價品賣完後，由於沒有及時補貨，使顧客空手而歸；促銷廣告中的特價品在貨架上數量有限，或者根本買不到等問題，都是造成顧客抱怨的原因。

2.服務方面的原因

服務是無形的，是有形物質商品的延伸，並且是商品價值必不可少的一部份。顧客對店員服務的抱怨主要是指服務態度不佳，例如店員顧此失彼，忙於補貨或其他事情，沒有理會顧客的詢問或回答時敷衍、不耐煩、出言不遜等，都會引起顧客的抱怨。

概括來說主要有以下幾種原因。

⑴店員服務態度不好

例如，店員不理會顧客的詢問要求，回答顧客的語氣不耐煩、敷衍，或是出言不遜。在崗期間聚衆聊天，言談粗魯，打鬧說笑等，這些都會讓顧客反感。

⑵服務方式不當

例如接待慢，搞錯順序，後到的反而先得到服務；不管顧客如何反感，喋喋不休地介紹某種商品，鼓動顧客購買；緊緊跟在

顧客後面,把顧客當小偷一樣防範;不允許顧客用手觸摸商品;缺乏語言藝術,說話生硬刺人等等。

⑶收銀作業不當

收銀人員貨款登錄錯誤造成多收貨款、少找錢給顧客;包裝作業不當,致使商品損壞;入袋不完全,遺漏顧客的商品;或是等候結賬的時間過久等。

⑷現有服務作業不當

例如,超市提供寄物服務,卻讓顧客寄放的物品有遺失及調換的情形發生,抽獎及贈品等促銷作業不公平,填寫超市提供的顧客意見表卻未得到任何回應,或者顧客的抱怨未能得到妥善的處理等。

⑸取消原本提供的服務項目

例如,超市取消特價宣傳單的寄發、禮券的販售,或是中獎票據購物辦法等。

⑹服務項目不足

例如,要求提供送貨服務、提貨服務、換錢服務、洗手間外借,或其他各式的額外服務。

3.環境方面的原因

經營環境也是顧客產生抱怨的主要因素。光線柔和、格調高雅、整潔寬鬆的環境常使顧客流連忘返。顧客對經營環境的抱怨主要有以下因素。

⑴光線

商場中的光線太暗,使貨架和通道地面有陰影,顧客看不清商品的價簽;光線太強,使顧客得眼睛感到不適,這些都會引來他們的抱怨。

⑵衛生

如果商場衛生條件不佳,也會引起顧客的不滿。

⑶地面

商場的地面不能太滑，否則老年顧客以及兒童容易跌倒，從而引起顧客的抱怨。

⑷聲音

店員的大聲叫賣，商品卸貨時聲音過響，以及播放的背景音樂聲音太大或不悅耳等，都會引起顧客的反感和抱怨。

⑸氣溫

商場的溫度應該適宜，如果賣場的溫度過高或過低，都不利於顧客瀏覽和選購。氣候的變化是無常的，如果不及時地調整賣場的溫度，會影響顧客的購買情緒從而產生抱怨。

⑹鋪設

出入口台階設計不合理，賣場內的上下自動電梯安裝角度過陡，停車位太少，或停車區與人行通道劃分不合理，造成顧客出入不便等佈置不合理的情況都會引起顧客抱怨。

第三節　未雨綢繆，做好準備工作

店員在工作中總是會遭遇顧客的不滿，應該怎麼辦呢？

首先要做好態度上準備，正確認識、理解顧客的不滿，爾後才能逐層深入找到解決和減少顧客不滿的方法。

一般說來，顧客不滿的原因大致有以下幾種：

· 由於商品本身質量不好而引起的；

· 送貨送錯或送遲了，在運輸途中發生破損等因銷售制度不健全而引起的；

· 由於店員對商品的知識和技術掌握不夠而引起的；

· 店員對商品的有關常識向顧客說明得不夠而引起的；

・店員服務禮貌不週，或說話不得體而引起的；

・對顧客的不滿處理不當引起的。

顧客的不滿是一種客觀的存在，是難以根除的，但是通過店員和商店的努力可以把這種不滿減少到最少，可以讓顧客在購物過程中享受到滿意度更高的服務。首先，店員應當正確認識、對待顧客的不滿，做好心態上的準備，然後才能在實際服務的過程中解決顧客的不滿，提升服務質量。店員主要應作好如下的態度準備。

1.「良藥苦口利病」的道理

如果店員按照「良藥苦口利於病」的方向思考下去，就不難理解顧客的抱怨了，「抱怨」其實並不是討厭，不是顧客有意找茬，而是顧客從內心發出的重要資訊，是一筆來之不易的寶貴「財富」。有期望才會有抱怨，顧客對你提出抱怨說明他希望你改正錯誤，也認爲你可以改正錯誤，完善服務。相反，如果顧客發現了問題，但是並不說給你，只是到別處去購買或者把他的感受告訴給他週圍的人，那樣的話店員和商場受到的損失更大，你失去的不只是一個顧客，而是一批顧客，並且還會繼續不斷地失去。因此要感謝顧客的不滿。

換個角度想，當顧客表示不滿的時候，店員據此可以反省自己的態度和服務方式，不但可以改進店員本身待人接物的技巧，也會使店員的心智更加成熟。以一顆寬容和感恩的心來對待顧客的不滿，你會發現不滿其實就是顧客開給你的一副良藥。

2.積極分析顧客不滿的原因

當顧客向店員表示不滿時，店員應當謙虛，以表示尊重顧客。在聽了顧客的意見之後應及時恰當地進行解釋。當你講解後，顧客也許會進一步提出新的反對意見，在這種情況下，店員也不應有任何不悅的表現，應該始終虛心地聽取顧客陳述反對意見，認真地分析顧客異議的原因與性質，並積極地尋找解決的方法，

使顧客滿意。

　　顧客的反對意見千差萬別，同一問題也會有很多種意見。因此，店員必須善於觀察、善於判斷，通過顧客的言談舉止、動作表情，把握顧客的心理狀態、提出反對意見的動機根源，及時地找出處理顧客不滿的對策。有因必有果，有果必有因。顧客的不滿總是有一定原因的，關鍵就在於找到這個原因，然後才可以化解。

3. 以顧客為出發點看待不滿

　　如果店員能以顧客為出發點來看待不滿，就能更好地理解「不滿是金」這句話所蘊含的道理了。以顧客的身份試想一下，相同的情形發生在你身上，你會有何感想，你會有什麼反應，你期望商場能為你做些什麼，商場怎樣做才能讓你滿意，你怎樣才會慶倖自己提出了不滿，也對該店員的服務留下了好印象呢？

　　當然，有的顧客並不是提出不滿，而就是為了佔便宜，店員不能為了維護自己的利益，就一竿子打翻一船人，把所有的顧客都當成愛佔小便宜的人來看待。反過來，如果有人表示不滿時誇大其辭，企圖從中大撈一把，而你並沒有讓這位顧客感到難堪，就會給在場的其他顧客留下深刻的印象，也可能因而成為你的常客。

4. 提前預測顧客的不滿

　　在顧客提出不滿之前，店員就應當提前預測顧客的不滿，並在推銷過程中和推銷完結之後及時總結顧客的不滿，找出不滿的原因和解決方案。根據顧客的類型、習慣、需求等情況提前預測顧客可能產生的不滿。在顧客開口之前，做好準備，想好應該如何應對顧客可能提出的不滿。平時店員還可以對遇到的不滿做出歸納、整理，總結顧客經常提出不滿的地方及解決方案，日積月累，應對顧客的不滿將會變得越來越輕鬆。

5.任何情況下都不要與顧客爭論

一位推銷專家曾說過這樣一句話，「長時間爭論一些無益的繁瑣小事對店員來說有百害而無一利。」顧客的購買決定是理智與情感綜合作用的結果。如果在和顧客接觸的過程中，店員把推銷變成與顧客之間的一場辯論賽，那麼推銷洽談不會取得任何進展，即使在爭吵中你擊敗了對方，也往往會失去成交的機會。如果冒犯了顧客，就不僅僅是失去一次成交的機會，而很有可能永遠失去這個顧客。因為顧客在爭論中輸給店員就等於失去了「面子」，就不會再有興趣購買該店員的產品，這種爭論只會打消顧客的購買興趣，即使開始階段顧客曾有過強烈的購買慾望。所以無論在任何情況下都不要擺出一副「教師爺」的架勢去教訓顧客，不要企圖糾正顧客的某些偏見、癖好和看法。要知道，當某一個人不願意被別人說服的時候，是任何人都說服不了他的。

6.儘快解決顧客的不滿

當顧客對商品不滿時，所希望的是問題儘快得到解決。如果你的態度曖昧，含糊其辭，顧客的不滿就會越多，反而不利於維護良好的顧客關係。

店員服務的宗旨是顧客至上。作為店員要具有與不同形式的顧客溝通、協調的能力，處理顧客投訴的最終目標是讓顧客滿意。

第四節　處理顧客抱怨的步驟

優秀的店員應該能夠正確而理智地處理顧客的抱怨，並能把顧客的抱怨變成滿意。

1.保持冷靜

當顧客對著店員表達其不滿與抱怨時，往往在言語與態度上

帶有衝動的情緒，甚至有非理性行爲的產生。在這種情況下，店員很容易被激怒而產生防衛性的行爲與態度，甚至不願意面對及處理顧客的抱怨。事實上，這是一種最不好的處理方式，這樣只會導致彼此更多的情緒反應與緊張氣氛。其實顧客的抱怨只是針對商場本身或所購買的商品，而非針對個別的店員。因此，爲了降低顧客氣憤的情緒，讓彼此可以客觀的面對問題，最好的處理方式是平心靜氣，用和善的態度請顧客說明事情的原委。

2. 有效傾聽

只有傾聽顧客的抱怨才能真正瞭解問題所在，如果你不給他一個訴說的機會，只是在情緒上互相對峙，顧客的問題永遠不可能解決，你也會被此事糾纏不清。在顧客還沒有將事情全部述說完畢之前不要打斷對方，讓顧客把要說的話及要表達的情緒充分發洩，往往可以讓對方有一種較爲放鬆的感覺，心情上也比較平靜。在傾聽時，店員應以專注的眼神及間歇的點頭來表示自己正在仔細傾聽，讓顧客覺得自己的意見受到重視。從傾聽中切實瞭解事情的每一個細節，用紙筆將問題的重點記錄下來，然後確認問題的癥結所在，爲正確處理顧客的抱怨做好準備。

3. 換位思考

在顧客訴說完之後，應該用換位思考的方式，站在顧客的立場上設想一下，如果面對顧客的情況會怎麼辦。做到真正瞭解顧客的需求，爲顧客設想，並且讓顧客知道自己對整個事情的態度。

4. 真誠道歉

面對顧客的抱怨，店員不應著急去查明責任在那一方，而應本著「顧客永遠是對的」的原則，爲給顧客造成的不便真誠地向其道歉，並感謝他們發現並反饋了問題。道歉時的態度一定要誠懇，因爲顧客能清楚地辨別真僞，誠心的道歉可以使顧客消氣。

5. 落實賠償

告訴顧客本店會對他們有特殊的補償，不要把這些做法視爲

額外花費，而應視爲對顧客的超值服務。

其實，抱怨並不可怕，可怕的是對抱怨的逃避，因此當顧客抱怨時，應該有針對性地解決問題，如果逃避問題，只把目光集中於一時一處或者得過且過，那只會增加顧客的抱怨。

處理抱怨時的注意事項如下：

1. 同顧客進行面對面的接觸是消除抱怨最有效的途徑。

2. 任何時候你都應當讓顧客有這樣一種感覺：你認真地對待他提出的抱怨，並且對這些抱怨進行事實調查。要儘快地將調查結果告訴顧客，不要拖延。

3. 不要輕易責備顧客。即使顧客是錯的，他也會認爲自己是正確的，因此顧客有時過激的話語也是可以理解的。

4. 不要輕易地對顧客言語的真實性下結論。

5. 不管顧客的抱怨是否有道理，在處理顧客的抱怨時，都要保持合作的態度。這樣做並不意味著你接受了顧客的抱怨，而是表示你的寬容。

6. 在決定接受顧客的索賠要求以前，最好先瞭解一下索賠金額。通過瞭解，你也許會發現賠償金額通常比想象的少得多。有些時候，對顧客的索賠要求只進行部份賠償，就會讓顧客感到滿意。對於不能接受的賠償要求，要婉轉、充分地說明自己的理由。

7. 要像推銷商品一樣耐心、細緻地向顧客說明自己的觀點和立場，給顧客一個滿意的答覆。

8. 不要向顧客做出一些不能兌現的保證，以免引起糾紛。

圖 書 出 版 目 錄

下列圖書是由憲業企管顧問(集團)公司所出版,以專業立場,為企業界提供最專業的各種經營管理類圖書。

1. 傳播書香社會,凡向本出版社購買(或郵局劃撥購買),一律 9 折優惠。

服務電話(02)27622241 (03)9310960 傳真(02)27620377

2. 請將書款用 ATM 自動扣款轉帳到我公司下列的銀行帳戶。

銀行名稱:合作金庫銀行 帳號:5034-717-347447

公司名稱:憲業企管顧問有限公司

3. 郵局劃撥號碼:18410591 郵局劃撥戶名:憲業企管顧問公司

4. 圖書出版資料隨時更新,請見網站 www.bookstore99.com

經營顧問叢書

4	目標管理實務	320 元	47	營業部門推銷技巧	390 元
5	行銷診斷與改善	360 元	52	堅持一定成功	360 元
6	促銷高手	360 元	56	對準目標	360 元
7	行銷高手	360 元	58	大客戶行銷戰略	360 元
8	海爾的經營策略	320 元	60	寶潔品牌操作手冊	360 元
9	行銷顧問師精華輯	360 元	71	促銷管理(第四版)	360 元
13	營業管理高手(上)	一套	72	傳銷致富	360 元
14	營業管理高手(下)	500 元	73	領導人才培訓遊戲	360 元
16	中國企業大勝敗	360 元	76	如何打造企業贏利模式	360 元
18	聯想電腦風雲錄	360 元	77	財務查帳技巧	360 元
19	中國企業大競爭	360 元	78	財務經理手冊	360 元
21	搶灘中國	360 元	79	財務診斷技巧	360 元
25	王永慶的經營管理	360 元	80	內部控制實務	360 元
26	松下幸之助經營技巧	360 元	81	行銷管理制度化	360 元
32	企業併購技巧	360 元	82	財務管理制度化	360 元
33	新產品上市行銷案例	360 元	83	人事管理制度化	360 元
46	營業部門管理手冊	360 元	84	總務管理制度化	360 元

85	生產管理制度化	360 元	145	主管的時間管理	360 元
86	企劃管理制度化	360 元	146	主管階層績效考核手冊	360 元
88	電話推銷培訓教材	360 元	147	六步打造績效考核體系	360 元
90	授權技巧	360 元	148	六步打造培訓體系	360 元
91	汽車販賣技巧大公開	360 元	149	展覽會行銷技巧	360 元
92	督促員工注重細節	360 元	150	企業流程管理技巧	360 元
94	人事經理操作手冊	360 元	152	向西點軍校學管理	360 元
97	企業收款管理	360 元	153	全面降低企業成本	360 元
100	幹部決定執行力	360 元	154	領導你的成功團隊	360 元
106	提升領導力培訓遊戲	360 元	155	頂尖傳銷術	360 元
112	員工招聘技巧	360 元	156	傳銷話術的奧妙	360 元
113	員工績效考核技巧	360 元	159	各部門年度計劃工作	360 元
114	職位分析與工作設計	360 元	160	各部門編制預算工作	360 元
116	新產品開發與銷售	400 元	163	只爲成功找方法，不爲失敗找藉口	360 元
122	熱愛工作	360 元	167	網路商店管理手冊	360 元
124	客戶無法拒絕的成交技巧	360 元	168	生氣不如爭氣	360 元
125	部門經營計劃工作	360 元	170	模仿就能成功	350 元
127	如何建立企業識別系統	360 元	171	行銷部流程規範化管理	360 元
129	邁克爾・波特的戰略智慧	360 元	172	生產部流程規範化管理	360 元
130	如何制定企業經營戰略	360 元	173	財務部流程規範化管理	360 元
131	會員制行銷技巧	360 元	174	行政部流程規範化管理	360 元
132	有效解決問題的溝通技巧	360 元	176	每天進步一點點	350 元
135	成敗關鍵的談判技巧	360 元	177	易經如何運用在經營管理	350 元
137	生產部門、行銷部門績效考核手冊	360 元	178	如何提高市場佔有率	360 元
138	管理部門績效考核手冊	360 元	180	業務員疑難雜症與對策	360 元
139	行銷機能診斷	360 元	181	速度是贏利關鍵	360 元
140	企業如何節流	360 元	182	如何改善企業組織績效	360 元
141	責任	360 元	183	如何識別人才	360 元
142	企業接棒人	360 元	184	找方法解決問題	360 元
144	企業的外包操作管理	360 元	185	不景氣時期，如何降低成本	360 元

186	營業管理疑難雜症與對策	360 元
187	廠商掌握零售賣場的竅門	360 元
188	推銷之神傳世技巧	360 元
189	企業經營案例解析	360 元
191	豐田汽車管理模式	360 元
192	企業執行力（技巧篇）	360 元
193	領導魅力	360 元
197	部門主管手冊(增訂四版)	360 元
198	銷售說服技巧	360 元
199	促銷工具疑難雜症與對策	360 元
200	如何推動目標管理（第三版）	390 元
201	網路行銷技巧	360 元
202	企業併購案例精華	360 元
204	客戶服務部工作流程	360 元
205	總經理如何經營公司(增訂二版)	360 元
206	如何鞏固客戶（增訂二版）	360 元
207	確保新產品開發成功(增訂三版)	360 元
208	經濟大崩潰	360 元
209	鋪貨管理技巧	360 元
210	商業計劃書撰寫實務	360 元
212	客戶抱怨處理手冊(增訂二版)	360 元
214	售後服務處理手冊（增訂三版）	360 元
215	行銷計劃書的撰寫與執行	360 元
216	內部控制實務與案例	360 元
217	透視財務分析內幕	360 元
219	總經理如何管理公司	360 元
222	確保新產品銷售成功	360 元
223	品牌成功關鍵步驟	360 元
224	客戶服務部門績效量化指標	360 元
226	商業網站成功密碼	360 元
227	人力資源部流程規範化管理（增訂二版）	360 元
228	經營分析	360 元
229	產品經理手冊	360 元
230	診斷改善你的企業	360 元
231	經銷商管理手冊(增訂三版)	360 元
232	電子郵件成功技巧	360 元
233	喬·吉拉德銷售成功術	360 元
234	銷售通路管理實務〈增訂二版〉	360 元
235	求職面試一定成功	360 元
236	客戶管理操作實務〈增訂二版〉	360 元
237	總經理如何領導成功團隊	360 元
238	總經理如何熟悉財務控制	360 元
239	總經理如何靈活調動資金	360 元
240	有趣的生活經濟學	360 元
241	業務員經營轄區市場（增訂二版）	360 元
242	搜索引擎行銷	360 元
243	如何推動利潤中心制度（增訂二版）	360 元
244	經營智慧	360 元
245	企業危機應對實戰技巧	360 元
246	行銷總監工作指引	360 元
247	行銷總監實戰案例	360 元
248	企業戰略執行手冊	360 元
249	大客戶搖錢樹	360 元
250	企業經營計畫〈增訂二版〉	360 元
251	績效考核手冊	360 元
252	營業管理實務（增訂二版）	360 元

42	物料管理控制實務	380 元
43	工廠崗位績效考核實施細則	380 元
46	降低生產成本	380 元
47	物流配送績效管理	380 元
49	6S 管理必備手冊	380 元
50	品管部經理操作規範	380 元
51	透視流程改善技巧	380 元
55	企業標準化的創建與推動	380 元
56	精細化生產管理	380 元
57	品質管制手法〈增訂二版〉	380 元
58	如何改善生產績效〈增訂二版〉	380 元
59	部門績效考核的量化管理〈增訂三版〉	380 元
60	工廠管理標準作業流程	380 元
61	採購管理實務〈增訂三版〉	380 元
62	採購管理工作細則	380 元
63	生產主管操作手冊(增訂四版)	380 元
64	生產現場管理實戰案例〈增訂二版〉	380 元
65	如何推動 5S 管理（增訂四版）	380 元
66	如何管理倉庫（增訂五版）	380 元
67	生產訂單管理步驟〈增訂二版〉	380 元

《醫學保健叢書》

1	9 週加強免疫能力	320 元
2	維生素如何保護身體	320 元
3	如何克服失眠	320 元
4	美麗肌膚有妙方	320 元
5	減肥瘦身一定成功	360 元

6	輕鬆懷孕手冊	360 元
7	育兒保健手冊	360 元
8	輕鬆坐月子	360 元
10	如何排除體內毒素	360 元
11	排毒養生方法	360 元
12	淨化血液　強化血管	360 元
13	排除體內毒素	360 元
14	排除便秘困擾	360 元
15	維生素保健全書	360 元
16	腎臟病患者的治療與保健	360 元
17	肝病患者的治療與保健	360 元
18	糖尿病患者的治療與保健	360 元
19	高血壓患者的治療與保健	360 元
21	拒絕三高	360 元
22	給老爸老媽的保健全書	360 元
23	如何降低高血壓	360 元
24	如何治療糖尿病	360 元
25	如何降低膽固醇	360 元
26	人體器官使用說明書	360 元
27	這樣喝水最健康	360 元
28	輕鬆排毒方法	360 元
29	中醫養生手冊	360 元
30	孕婦手冊	360 元
31	育兒手冊	360 元
32	幾千年的中醫養生方法	360 元
33	免疫力提升全書	360 元
34	糖尿病治療全書	360 元
35	活到 120 歲的飲食方法	360 元
36	7 天克服便秘	360 元

| 37 | 為長壽做準備 | 360 元 |
| 38 | 生男生女有技巧〈增訂二版〉 | 360 元 |

《培訓叢書》

4	領導人才培訓遊戲	360 元
8	提升領導力培訓遊戲	360 元
11	培訓師的現場培訓技巧	360 元
12	培訓師的演講技巧	360 元
14	解決問題能力的培訓技巧	360 元
15	戶外培訓活動實施技巧	360 元
16	提升團隊精神的培訓遊戲	360 元
17	針對部門主管的培訓遊戲	360 元
18	培訓師手冊	360 元
19	企業培訓遊戲大全（增訂二版）	360 元
20	銷售部門培訓遊戲	360 元
21	培訓部門經理操作手冊（增訂三版）	360 元
22	企業培訓活動的破冰遊戲	360 元

《傳銷叢書》

4	傳銷致富	360 元
5	傳銷培訓課程	360 元
7	快速建立傳銷團隊	360 元
9	如何運作傳銷分享會	360 元
10	頂尖傳銷術	360 元
11	傳銷話術的奧妙	360 元
12	現在輪到你成功	350 元
13	鑽石傳銷商培訓手冊	350 元
14	傳銷皇帝的激勵技巧	360 元
15	傳銷皇帝的溝通技巧	360 元
16	傳銷成功技巧（增訂三版）	360 元
17	傳銷領袖	360 元

《幼兒培育叢書》

1	如何培育傑出子女	360 元
2	培育財富子女	360 元
3	如何激發孩子的學習潛能	360 元
4	鼓勵孩子	360 元
5	別溺愛孩子	360 元
6	孩子考第一名	360 元
7	父母要如何與孩子溝通	360 元
8	父母要如何培養孩子的好習慣	360 元
9	父母要如何激發孩子學習潛能	360 元
10	如何讓孩子變得堅強自信	360 元

《成功叢書》

1	猶太富翁經商智慧	360 元
2	致富鑽石法則	360 元
3	發現財富密碼	360 元

《企業傳記叢書》

1	零售巨人沃爾瑪	360 元
2	大型企業失敗啟示錄	360 元
3	企業併購始祖洛克菲勒	360 元
4	透視戴爾經營技巧	360 元
5	亞馬遜網路書店傳奇	360 元
6	動物智慧的企業競爭啟示	320 元
7	CEO 拯救企業	360 元
8	世界首富　宜家王國	360 元
9	航空巨人波音傳奇	360 元
10	傳媒併購大亨	360 元

《智慧叢書》

| 1 | 禪的智慧 | 360 元 |
| 2 | 生活禪 | 360 元 |

3	易經的智慧	360 元
4	禪的管理大智慧	360 元
5	改變命運的人生智慧	360 元
6	如何吸取中庸智慧	360 元
7	如何吸取老子智慧	360 元
8	如何吸取易經智慧	360 元
9	經濟大崩潰	360 元
10	有趣的生活經濟學	360 元

《DIY 叢書》

1	居家節約竅門 DIY	360 元
2	愛護汽車 DIY	360 元
3	現代居家風水 DIY	360 元
4	居家收納整理 DIY	360 元
5	廚房竅門 DIY	360 元
6	家庭裝修 DIY	360 元
7	省油大作戰	360 元

《財務管理叢書》

1	如何編制部門年度預算	360 元
2	財務查帳技巧	360 元
3	財務經理手冊	360 元
4	財務診斷技巧	360 元
5	內部控制實務	360 元
6	財務管理制度化	360 元
8	財務部流程規範化管理	360 元
9	如何推動利潤中心制度	360 元

為方便讀者選購，本公司將一部分上述圖書又加以專門分類如下：

《企業制度叢書》

1	行銷管理制度化	360 元
2	財務管理制度化	360 元

3	人事管理制度化	360 元
4	總務管理制度化	360 元
5	生產管理制度化	360 元
6	企劃管理制度化	360 元

《主管叢書》

1	部門主管手冊	360 元
2	總經理行動手冊	360 元
4	生產主管操作手冊	380 元
5	店長操作手冊（增訂版）	360 元
6	財務經理手冊	360 元
7	人事經理操作手冊	360 元
8	行銷總監工作指引	360 元
9	行銷總監實戰案例	360 元

《總經理叢書》

1	總經理如何經營公司(增訂二版)	360 元
2	總經理如何管理公司	360 元
3	總經理如何領導成功團隊	360 元
4	總經理如何熟悉財務控制	360 元
5	總經理如何靈活調動資金	360 元

《人事管理叢書》

1	人事管理制度化	360 元
2	人事經理操作手冊	360 元
3	員工招聘技巧	360 元
4	員工績效考核技巧	360 元
5	職位分析與工作設計	360 元
7	總務部門重點工作	360 元
8	如何識別人才	360 元
9	人力資源部流程規範化管理（增訂二版）	360 元
10	員工招聘操作手冊	360 元
11	如何處理員工離職問題	360 元

《理財叢書》

1	巴菲特股票投資忠告	360 元
2	受益一生的投資理財	360 元
3	終身理財計劃	360 元
4	如何投資黃金	360 元
5	巴菲特投資必贏技巧	360 元
6	投資基金賺錢方法	360 元
7	索羅斯的基金投資必贏忠告	360 元
8	巴菲特為何投資比亞迪	360 元

《網路行銷叢書》

1	網路商店創業手冊〈增訂二版〉	360 元
2	網路商店管理手冊	360 元
3	網路行銷技巧	360 元
4	商業網站成功密碼	360 元
5	電子郵件成功技巧	360 元
6	搜索引擎行銷	360 元

《企業計畫叢書》

1	企業經營計劃	360 元
2	各部門年度計劃工作	360 元
3	各部門編制預算工作	360 元
4	經營分析	360 元
5	企業戰略執行手冊	360 元

《經濟叢書》

1	經濟大崩潰	360 元
2	石油戰爭揭秘（即將出版）	

建立企業圖書館

當市場競爭激烈時：

培訓員工，強化員工競爭力
是企業最佳對策

　　「人才」是企業最大的財富。如何提升人才，是企業永續經營、戰勝對手的核心競爭力。積極培訓公司內部員工，是經濟不景氣時期的最佳戰略，而最快速的具體作法，就是**「建立企業內部圖書館，鼓勵員工多閱讀、多進修專業書籍」**

　　建議您：請一次購足本公司所出版各種經營管理類圖書，作為貴公司內部員工培訓圖書。使用率高的（例如「贏在細節管理」），準備多本；使用率低的（例如「工廠設備維護手冊」），只買 1 本。

最 暢 銷 的 商 店 叢 書

	名　稱	說　明	特　價
1	速食店操作手冊	書	360 元
4	餐飲業操作手冊	書	390 元
5	店員販賣技巧	書	360 元
6	開店創業手冊	書	360 元
8	如何開設網路商店	書	360 元
9	店長如何提升業績	書	360 元
10	賣場管理	書	360 元
11	連鎖業物流中心實務	書	360 元
12	餐飲業標準化手冊	書	360 元
13	服飾店經營技巧	書	360 元
14	如何架設連鎖總部	書	360 元
15	〈新版〉連鎖店操作手冊	書	360 元
16	〈新版〉店長操作手冊	書	360 元
17	〈新版〉店員操作手冊	書	360 元
18	店員推銷技巧	書	360 元
19	小本開店術	書	360 元
20	365 天賣場節慶促銷	書	360 元
21	連鎖業特許手冊	書	360 元
22	店長操作手冊（增訂版）	書	360 元
23	店員操作手冊（增訂版）	書	360 元
24	連鎖店操作手冊（增訂版）	書	360 元
25	如何撰寫連鎖業營運手冊	書	360 元
26	向肯德基學習連鎖經營	書	360 元
27	如何開創連鎖體系	書	360 元
28	店長操作手冊（增訂三版）	書	360 元

郵局劃撥戶名：憲業企管顧問公司

郵局劃撥帳號：18410591

商店叢書 ㊷　　　　　　　　　　售價：360 元

店員操作手冊（增訂三版）

西元二○一一年五月	增訂三版一刷
西元二○○八年三月	增訂一版二刷
西元二○○七年十月	增訂一版一刷
西元二○○三年	企管培訓班授課講義

編著：黃憲仁　任賢旺

策劃：麥可國際出版有限公司（新加坡）

編輯：蕭玲

校對：洪飛娟

發行所：憲業企管顧問有限公司

電話：(02) 2762-2241　　(03) 9310960　　0930872873

臺北聯絡處：臺北郵政信箱第 36 之 1100 號

郵政劃撥：18410591 憲業企管顧問有限公司

江祖平律師顧問：紙品書、數位書著作權與版權均歸本公司所有

登記證：行政業新聞局版台業字第 6380 號

本公司徵求海外版權出版代理商 (0930872873)

本圖書是由憲業企管顧問（集團）公司所出版，以專業立場，為企業界提供最專業的各種經營管理類圖書。

圖書編號 ISBN：978-986-6084-01-0